Wolfgang Noot

Energiegewinnung ohne fossile Brennstoffe

Dipl.-Ing. Wolfgang Noot

Energiegewinnung ohne fossile Brennstoffe

Erzeugung, Transport und Speicherung anschaulich erklärt

VDE VERLAG GMBH

Bibliografische Information der Deutschen Nationalbibliothek
Die Deutsche Nationalbibliothek verzeichnet diese Publikation in der Deutschen Nationalbibliografie; detaillierte bibliografische Daten sind im Internet über http://portal.dnb.de abrufbar.

ISBN 978-3-8007-6045-9 (Buch)
ISBN 978-3-8007-6046-6 (E-Book)

Satz: Text- und Software-Service Manuela Treindl, Fürth
Druck: Elanders Waiblingen GmbH, Waiblingen
Printed in Germany 2023-10

Vorwort

Fast 40 Jahre war ich beruflich unter anderem auf dem Gebiet der Kesseltechnik beschäftigt. Nach dem Ende meiner beruflichen Tätigkeit habe ich versucht, fast verlorenes Wissen zu diesem Thema zusammenzutragen und veröffentlichte es in dem Buch

„Vom Kofferkessel bis zum Großkraftwerk. Die Entwicklung im Kesselbau“

Es lag nahe, im Anschluss an das erschienene Werk zu hinterfragen, welche alternativen Energieträger außer den zur Dampf- und Heißwassererzeugung benutzten fossilen Brennstoffe, wie im vorgenannten Buch dargelegt, heute die Energieversorgung sicherstellen sollen. Besonderes Augenmerk war dem Thema des Klimaschutzes und der Nachhaltigkeit unseres Tuns zu widmen.

Es war mir nicht möglich, im vorliegenden Buch alle in der Entwicklung befindlichen oder betriebenen Anlagen oder Systeme vorzustellen. Sollte eine Entwicklung unerwähnt geblieben sein, so bitte ich um Nachsicht.

Ich möchte mich bei all jenen Personen und Firmen bedanken, die durch Bereitstellung von technischen Unterlagen zum Gelingen des hier vorgestellten Buches beigetragen haben.

Nicht zuletzt gilt mein Dank dem VDE Verlag, hier insbesondere Frau Käsler, für die Hilfe bei der Umsetzung meines Projektes.

Lünen, im August 2023 *Dipl.-Ing. Wolfgang Noot*

Inhalt

1 Einleitung

Einige Begriffe könnten Worte des Jahrhunderts werden: „Klimawandel“, „Transformation“, „Nachhaltigkeit“ und „Übernutzung“.

Im Pariser Klimaabkommen aus dem Jahr 2015 haben sich alle Teilnehmer verpflichtet, die Erderwärmung unter 2 °C, möglichst unter 1,5 °C zu halten. Der Basiswert für die globale durchschnittliche Erdtemperaturerwärmung wurde in die Zeit der Vor-Industrialisierung im Jahr 1860 gelegt, lag bei ca. 13,5 °C und blieb bis etwa 1910 unverändert. Ab diesem Zeitpunkt ist ein steter Anstieg der Temperatur, hervorgerufen durch die zunehmende Industrialisierung (z. B. Betrieb von Kokereien und Hochöfen zur Verhüttung von Eisenerz, Betrieb kohlebeheizter Kraftwerke zur Stromerzeugung, Betrieb kohlebefeuerter Dampflokomotiven und Schiffe), zu bemerken.

Wird der 1,5 °C/2 °C-Temperaturanstieg überschritten, greifen sog. „Kipppunkte“. Lange glaubte man, das Klima ändere sich nur langsam. Inzwischen ist bekannt, dass bei Erreichen bestimmter Schwellenpunkte ein Dominoeffekt greift, d. h., das Klimasystem ändert sich schnell und unumkehrbar an mehreren Stellen zugleich. Um nicht in diese Situation zu gelangen, muss die Weltgemeinschaft ihre Treibhausgas-Emissionen bis zum Jahr 2030 um jährlich ca. 28 Milliarden Tonnen CO_2-Äquivalent reduzieren. Wie schwierig es ist, das gesteckte Ziel zu erreichen, zeigen die lebhaften Diskussionen auch in Deutschland (**Bild 1.1**) [213] [214] [220].

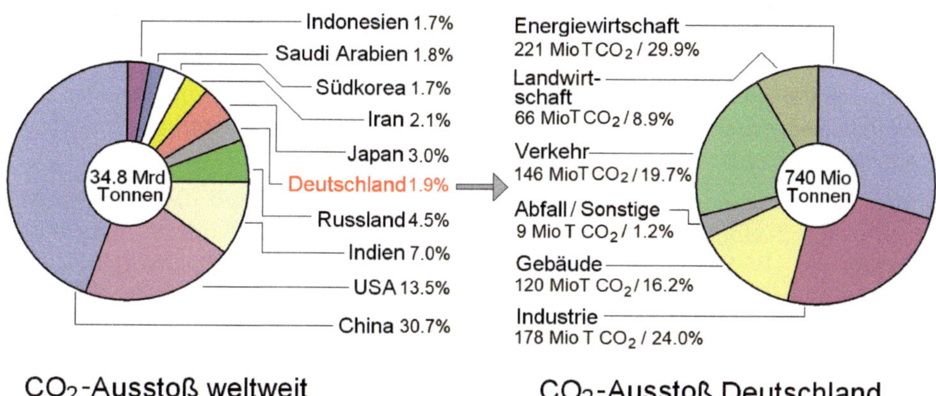

Bild 1.1 CO_2-Ausstoß weltweit und in Deutschland (Stand 2020) [151] [37]

ⓘ *Unter (ökologischer/zukunftsorientierter)* ***Nachhaltigkeit*** *sind Bemühungen zu verstehen, einerseits ungezügelten Umgang mit nur endlich vorhandenen und nicht erneuerbaren Ressourcen zu vermeiden, andererseits Handlungen zu unterlassen, die sich langfristig nachteilig für die Umwelt und die Menschheit auswirken. Vorrangig sei hier z. B. die Problematik des Klimawandels oder der Energieversorgung ohne Einsatz fossiler Brennstoffe (Schlagwort „Dekarbonisierung“) genannt.*

ⓘ *Unter den der Menschheit zur Verfügung stehenden Ressourcen sind insbesondere Wasser, Erdboden, Luft, Fauna und Flora, aber auch alle Landflächen zu verstehen. Jede Nutzung dieser Ressourcen beeinflusst diese Systeme.* ***Übernutzung*** *findet dann statt, wenn ohne Rücksicht auf die Folgen von diesen Ressourcen mehr verbraucht werden, als nachwachsen können.*

Der weltweite sog. **Erdüberlastungstag** wurde im Jahr 2022 bereits am 28. Juli erreicht. Bis zu diesem Tag wurden all jene Ressourcen verbraucht, die die Erde im laufenden Jahr erneuern kann [198].

ⓘ *Übrigens: Wie aus Bild 1.1 zu ersehen, beträgt der CO_2-Ausstoß Deutschlands „nur" ca. 2 % der weltweiten CO_2-Emissionen. Betrachtet man allerdings die CO_2-Belastung pro Person, so entsteht ein anderes Bild. Folgt man der Literatur* [232], *beträgt die weltweit erzeugte CO_2-Emission ca. 38 Mrd. Tonnen (Stand 2021). Weltweit ergibt sich somit pro Kopf (ca. 8 Mrd. Menschen – Stand 03.2023) eine CO_2-Menge von ca 5,0 Tonnen* [231]. *In Deutschland (ca. 83 Mio. Einwohner – Stand 2021) betrug die erzeugte CO_2-Menge im Jahr 2020 (1,9 % der weltweiten Menge* [37]*) 740 Mio Tonnen. Auf die Bevölkerung der Bundesrepublik umgerechnet ist dies eine pro Kopf erzeugte Menge von ca. 9,5 Tonnen! Diese Zahlen zeigen die Notwendigkeit der zeitnahen Dekarbonisierung.*

ⓘ *Ohne* ***Treibhausgase*** *gäbe es kein Leben auf der Erde – die Gase sorgen für die erwünschte Wärmespeicherung auf der Erde. Nur ist leider das Gleichgewicht gestört, da neben erheblichen Wasserdampfanteilen schädliche gasförmige Bestandteile, hier insbesondere Kohlendioxid (CO_2), Methan (CH_4), Lachgas (N_2O) sowie fluorierte Treibhausgase (F-Gase), hier hauptsächlich die Fluorkohlenwasserstoffe (FKW/HFKW) und die Fluor-Chlor-Kohlenwasserstoffe (FCKW/HFCKW), in der Atmosphäre überhandgenommen haben.*

Der Einfluss der Treibhausgase auf das Klima kommt zustande, weil kurzwellige Sonnenstrahlung durch die Atmosphäre auf die Erde gelangt und sich hier zu langwelliger Infrarotstrahlung umwandelt. Diese Wärmestrahlung aber kann durch die in der Troposphäre (einer ca. 15 km dicken Schicht oberhalb der Erdoberfläche/unterhalb der Stratosphäre) glockenartig gespeicherten Treibhausgase nicht mehr zurück ins Weltall abgestrahlt werden – unser Planet heizt sich auf [215].

In diesem Zusammenhang muss auch ein Wort über das Gas **Ozon** (O_3) verloren werden. Denn eines der Treibhausgase, nämlich FCKW, ist dafür verantwortlich, dass das unter Einwirkung der UV-Sonnenstrahlung in der Stratosphäre aus Lachgas gebildete Ozon, lebenswichtig für die Gesundheit des Menschen, zerstört wird. Durch das Fehlen einer ausreichenden Ozonschicht gelangen durch das Sonnenlicht erzeugte schädliche UV-Strahlen auf die Erde und schädigen hier Menschen, Fauna und Flora. Bodennah aus Stickstoffoxiden und Kohlenwasserstoffen erzeugtes Ozon ist allerdings auch ein Luftschadstoff – es führt u. a. zu Luftwegserkrankungen [216].

ⓘ *Unter* ***Heizwert*** *ist jene thermische Energiemenge zu verstehen, die bei vollständiger Verbrennung (also mit der für die Verbrennung maximal nötigen Sauerstoffmenge O_2) primärer fossiler Brennstoffe (Kohlenstoffverbindungen) entsteht. In der Regel wird der Heizwert in MJ/kg angegeben, jedoch sind auch Angaben in kWh/m^3 zu finden.*

Die Verbrennung läuft ab nach Formel (1.1):

$$C + O_2 \rightarrow CO_2 \quad \text{(exotherm)} \tag{1.1}$$

Die Treibhausgase führen zu schwerwiegenden Folgen auf unserer Erde, als da sind:

Abschmelzung des Gletscher- und Pol-Eises mit gleichzeitiger Erhöhung der Meeresspiegel und folglich Verlust von Landmasse. Die Temperaturerhöhung verändert die Meeresströmungen, z. B. des Golfstromes. Höhere Meerwassertemperaturen fördern die Bildung von Wirbelstürmen und die Freisetzung von zusätzlichen CO_2-Mengen. Auch können große Waldgebiete - wichtige Sauerstofflieferanten - absterben. Es kommt zu Unwettern mit Überschwemmungen, andererseits zum Verkarsten von landwirtschaftlichen Nutzflächen.

Wie Bild 1.1 zeigt, ist Deutschland nur mit 1,9 % an den jährlichen Emissionen beteiligt, wird aber, glaubt man der Wissenschaft, die selbst gesteckten Ziele, nämlich bis zum Jahr 2045 klimaneutral zu werden, nicht erreichen. Hauptursache ist der Energiehunger unseres Industriestaates. Kann die Energieversorgung nicht durch alternative und bezahlbare Energien gedeckt werden, schwächt dies die Wettbewerbsfähigkeit der Unternehmen und kostet Arbeitsplätze - mithin kann der Wohlstand in Deutschland nicht mehr sichergestellt werden. Aufgrund der Diskussion um den Klimawandel, aber auch wegen der Erkenntnis, dass die Vorräte an den herkömmlichen fossilen Brennstoffen wie Braunkohle, Steinkohle, Erdöl und Erdgas, die aber auch z. B. in der chemischen Industrie benötigt werden, drastisch abnehmen, rückt die Suche nach alternativen Energien in den Vordergrund.

Wollen wir den negativen Folgen des anthropogenen (des menschengemachten) Klimawandels begegnen, muss gehandelt werden, d. h., die Emissionsmengen müssen zumindest verringert werden. Hierzu sollten wir zumindest von CO_2-intensiven auf CO_2-ärmere Energien wechseln. Dies muss unter Berücksichtigung der CO_2-Intensität einzelner Energien erfolgen. So entstehen bei der Verbrennung fossiler Brennstoffe Emissionen bzw. CO_2-Äquivalente und Heizwerte wie in **Bild 1.2** dargestellt [147] [155] [156] [168] [177]. Für den Umgang mit dem Treibhausgas CO_2 gibt es eine Reihe von Lösungsansätzen. Ein Großteil der Emissionen dieses Gases entsteht bei der Verbrennung von fossilen Brennstoffen (u. a. Kohle, Erdöl,

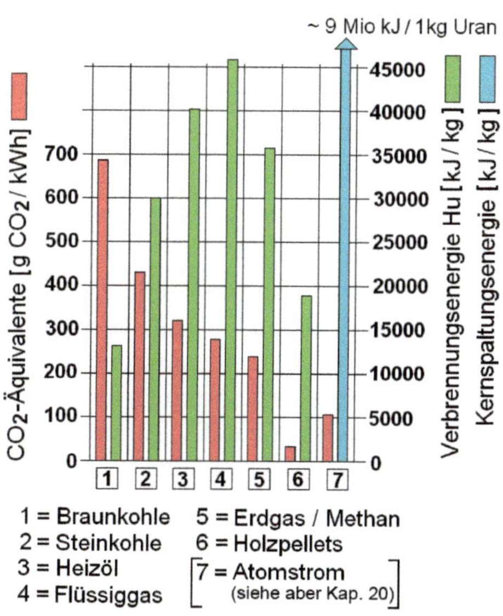

Bild 1.2 CO_2-Äquivalente und Heizwerte primärer Brennstoffe

Erdgas) in Haushalten und Kraftwerken sowie durch Verkehrsmittel und bei industriellen Prozessen. Mithin müssen hier Einschränkungen greifen und CO_2-arme Prozesse entwickelt werden (Dekarbonisierung) – letztlich müssen alternative Brennstoffe/Energien zum Einsatz kommen.

Wie beschrieben, ist Kohlendioxid eine der Ursachen für die Klimakrise. Zum Glück entnehmen Pflanzen mit der Photosynthese der Atmosphäre einen Teil dieses Treibhausgases. Einen erheblichen Anteil an CO_2 speichern auch unsere Ozeane. Warum? In der Atmosphäre herrscht ein bestimmter Druck, der Luftdruck. Der CO_2-Anteil an diesem Druck heißt Partialdruck. Auch im Ozean ist CO_2 enthalten – der Anteil des im Wasser gelösten CO_2-Gases heißt ebenfalls Partialdruck. Das Medium mit dem höheren Partialdruck gibt CO_2 ab. Sofern der CO_2-Druck in der Atmosphäre – u. a. abhängig von der Temperatur – höher ist als der des Meerwassers, löst sich CO_2 im Wasser zu Carbonsäure H_2CO_3 (1.2). Diese wiederum wandelt sich in zwei Kohlenstoffverbindungen um, nämlich in (Bikarbonat) Hydrogenkarbonat (HCO_3) und Karbonat ($CO_3^2 + H^+ \nearrow$) (1.3). Insbesondere der Hydrogenkarbonat-Anteil nimmt Kohlenstoff auf und speichert ihn. Es laufen folgende Reaktionen ab [158]:

$$CO_2 + H_2O \rightarrow H_2CO_3 \tag{1.2}$$

$$H_2CO_3 \rightarrow CO_3^2 + H^+ + HCO_3^- \tag{1.3}$$

Aber: Durch Aufnahme von CO_2 erhöht sich der pH-Wert des Wassers. Unsere Ozeane werden immer saurer [137]. Die Folge ist u. a. die Bedrohung all jener Tiere, die Kalkschalen bilden, z. B. Muscheln und Korallen [137].

ⓘ *Der pH-Wert (Potenzial des Wasserstoffs H) gibt an, ob eine wässrige Lösung sauer oder basisch reagiert. Eine wässrige Lösung mit einem pH-Wert < 7 ist sauer, eine solche mit einem Wert von > 7 ist basisch/alkalisch/laugenartig.*

Basen sind ätzend und bilden in Verbindung mit Ölen Seifen und Glycerin.

Säuren greifen Metalle und Kalk, zudem alle organischen Materialien wie z. B. Haut oder Augen an. Basen und Säuren können sich gegenseitig neutralisieren.

Anders stellt sich der Umgang mit dem Klimakiller Methan (CH_4) dar.

Methangas heizt die Atmosphäre 25-fach stärker auf als Kohlendioxid. Daher muss das Methangas jedenfalls chemisch umgebaut werden – leider meist zulasten der zumindest in geringerem Umfang schädlichen CO_2-Emissionen.

Das Vermeiden von Methan-Emissionen kann nur teilweise durch menschliches Verhalten beeinflusst werden. Das Gas entsteht u. a. durch Fäulnisvorgänge (Abbau von Biomasse z. B. in Sümpfen oder Mooren). Infolge der Erderwärmung/des Abtauens der Permafrostgebiete wird das dort gebundene Methan freigesetzt. Sofern es nicht in die Atmosphäre entweicht, verbrennt es unter Aufnahme von Sauerstoff zu CO_2 (Tundrafeuer/Formel (11.1) – Kapitel 11). Eine weitere Methanquelle stellt das im Meeresboden gebundene Methanhydrat dar. Auch die (in Deutschland inzwischen ausgelaufene) Kohleförderung setzt Methan als Grubengas frei (Kohle ist ja auch nur ein in Urzeiten durch Versumpfung von Mooren entstandenes Produkt). Nicht unerwähnt bleiben darf die Methanbildung in Mülldeponien. Die über Drainageanlagen als Gruben- bzw. Deponiegas oder bei der Biogaserzeugung anfallenden Gase mit geringem Methananteil werden i. d. R., ggf. mithilfe eines Stützfeuers, abgefackelt, sofern nicht durch Anreichern z. B. mit Propangas ein stabiles brennbares Gasgemisch hergestellt werden kann. Ist der Heizwert des (ggf. angereicherten) Methangases hoch genug, kann es zum Antrieb von Gasmotoren oder zu Heizzwecken genutzt werden. Die bei der Förderung im Meer anfallenden Begleitgase werden meist in sog. Fackeltürmen verbrannt – eine Weiterleitung der Gase zur Verwendung an Land ist wegen des Offshore-Betriebes der Fördereinrichtungen meist unwirtschaftlich. Beeinflussen lässt sich der weltweite Methan-Anfall bei der Tierhaltung, indem wir unseren Fleischkonsum verringern – Methan entsteht bei den Verdauungsabläufen bei Wiederkäuern (Rindern und Schafen).

Zu betonen bleibt, dass der Hauptbestandteil auch bei **Biogas** neben Kohlendioxid (35 bis 50 %) und geringen Anteilen an Stickstoff, Sauerstoff und Schwefelwasserstoff Methan (50 bis 65 %) ist [193]. Allerdings entsteht dieses CH_4 zeitnah, nachhaltig und kontrolliert u. a. aus nachwachsenden Rohstoffen oder biogenen/landwirtschaftlichen Abfällen (Gülle o. Ä.). Wie erläutert werden bei der Nutzung dieser Stoffe als Biomasse nur in dem Maß Emissionen frei, in dem die Pflanzen CO_2 während ihres Wachstums aufgenommen haben. Wird allerdings z. B. Mais nur zur Gewinnung von Biomasse angebaut, ist dies zu hinterfragen. Für **Bio-Kraftstoffe** (unabhängig davon, ob aus Mais, Raps, Palmöl, Biogas oder Abfällen hergestellt) gilt die Nachhaltigkeitsverordnung [194], wonach sie zurzeit im Vergleich zu fossilen Kraftstoffen nur weniger als 35 % Treibhausgase freisetzen dürfen.

ⓘ ***Alternative Energien** sind jene Energien, die unerschöpflich und unbegrenzt zur Verfügung stehen bzw. sich stetig und kurzfristig von selbst erneuern. Sie stellen eine Alternative zu den fossilen Energieträgern Kohle, Öl oder Gas dar. Gebräuchlich sind auch Begriffe wie „Grünstrom“ oder „erneuerbare Wärme.“ Vorrangig zählen zu den bedeutungsgleich verwendeten Begriffen „alternative“, „erneuerbare“ und „regenerative“ Energien die Windenergie, die Wasserkraft, die Sonnenenergie, die Geothermie sowie die kinetische Energie z. B. durch die Gezeiten. In der zweiten Gruppe sind die in des Wortes wahrer Bedeutung regenerativen (erneuerbaren) Energiequellen zu finden, z. B. Biomasse und das hieraus gewonnene Biogas oder Bioethanol, aber z. B. auch Holz aus der nachhaltigen Holzbewirtschaftung.*

Holz als Brennstoff nimmt als alternative Energie eine Sonderstellung ein. Pflanzen wandeln mittels Photosynthese (Stoffwechselreaktion unter Einwirkung des Sonnenlichtes) unter Mithilfe des Blattgrüns Chlorophyll sowie von Wasser und Licht atmosphärisches Kohlendioxid in Glucose und den für Mensch und Tier nötigen Sauerstoff um – siehe Formel (1.4) [134]:

$$6\,CO_2 + 6\,H_2O \xrightarrow{\text{Licht}} C_6H_{12}O_6 + 6\,O_2 \tag{1.4}$$

Vergleichbare Photosynthese-Vorgänge finden übrigens auch beim Pflanzenwachstum im Meer statt (z. B. in ausgedehnten Seegraswiesen – abhängig u. a. vom Partialdruck und der Lichtdurchlässigkeit des Meerwassers). Der Sauerstoff wird ins Meerwasser abgegeben. Anders als bei verrottetem Holz bleibt das aufgenommene CO_2 auch nach dem Absterben des Grases im Wurzelwerk gespeichert.

(Leichtes) Wasser (normales Trinkwasser – H_2O) ist ein Molekül aus Wasserstoffatomen <u>H</u> und Sauerstoffatomen <u>O</u>

Kohlendioxid (CO_2) ist ein Molekül aus Kohlenstoffatomen <u>C</u> (Grafit) und Sauerstoffatomen <u>O</u>

Glucose (Zucker – $C_6H_{12}O_6$) ist eine chemische Verbindung aus den Atomen <u>C</u>, <u>H</u> und <u>O</u> – wird zum Aufbau der Pflanzenzellen benötigt

Wie erläutert geben Pflanzen bei ihrer Verbrennung zwar CO_2 wieder ab, aber nur in der Menge, die sie während ihres Wachstums aufgenommen haben. Die CO_2-Bilanz ist mithin in etwa neutral. Auch bei der Verrottung des Holzes dreht sich der Vorgang der CO_2-Synthese um – CO_2 wird wieder freigesetzt. Als alternativ darf Holz als Brennstoff dann gelten, wenn die Bewirtschaftung nachhaltig erfolgt. Nachteilig ist bei der Verbrennung von Holz die Entstehung von Feinstaub. Problematisch wird die thermische Verwertung von Holzabfall, sobald dieser z. B. mit Lack oder Holzschutzmitteln behandelt wurde.

Wind und Sonne stehen als unerschöpfliche und umweltfreundliche Energiequellen zur Verfügung, nur leider nicht unterbrechungsfrei und nicht zu jeder Zeit – zudem lässt sich bislang Überschussenergie nicht umfassend speichern. Zwar ist zurzeit in Schwerin ein Batteriepark, bestehend aus ca. 25 000 Lithium-Ionen-Akkus mit einer Regelleistung von 5 MW, in Betrieb, der begrenzt Strom aufnehmen kann. Seine Aufgabe ist aber nicht die unbegrenzte Speicherung allen Überschuss-Stromes. Vielmehr soll er pendelnd Stromüberschuss aufnehmen und bei Bedarf abgeben und so die Frequenz im 50-Hertz-Netz aufrechterhalten [24]. Um große, mittels Wind- bzw. Sonnenenergie erzeugte Energiemengen zu speichern, muss man nach wie vor Umwege beschreiten, wie im Laufe dieses Buches beschrieben wird.

Eine weitere Alternativenergie stellt die oberflächennahe und Tiefen-Geothermie (technische Nutzung der Erdwärme) dar. Sie steht unerschöpflich und unterbrechungsfrei zur Verfügung – die zuvor angesprochene Speicherproblematik besteht nicht. Daher wird die Geothermik langfristig als Energiequelle gesehen.

2 Sonnenwärme-(Solarthermie-)Kraftwerke

2.1 Das solarthermische Parabolrinnen-Kraftwerk

Es gibt letztlich zwei Verfahren, um mithilfe der Sonne Strom zu erzeugen.

Zum einen wird die Sonnenenergie unmittelbar in Strom umgewandelt – dieses Verfahren ist als Photovoltaik bekannt –, siehe Kapitel 4.

Zum anderen erzeugt die Solarenergie, wie folgend beschrieben, mittelbar Dampf, der dann herkömmlich über eine Turbine mit gekoppeltem Generator Strom erzeugt. Diese Technik ist auch als Concentrated Solar Power [CSP] bzw. als Solarthermie bekannt. Bei niedrigen Temperaturen wird bei Anlagen nach Kapitel 2 die gewonnene Energie in ein Wärmeverteilnetz eingespeist.

Bild 2.1 zeigt schematisch als Großanlage ein sog. Parabolrinnen-Kraftwerk, auch als Solarfarm bezeichnet. Dieses solarthermische Kraftwerk (hier ANDASOL 3) wurde in Spanien errichtet. Der folgenden Beschreibung sowie Bild 2.1 und Bild 2.3 liegen dem Autor von o. g. Unternehmen [30] freundlicherweise zur Verfügung gestellte Unterlagen zugrunde.

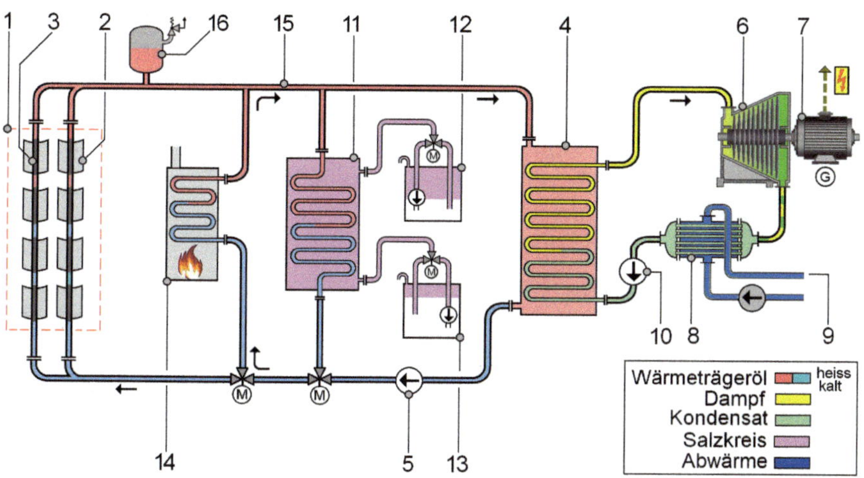

Bild 2.1 [Solarthermisches] Parabolrinnen-Kraftwerk [30] [31]

Bei dem hier vorgestellten Verfahren beaufschlagt die direkte Sonnenenergie ein Feld von Parabolspiegeln ①. Die einzelnen Sonnenspiegel (Kollektoren) ② – sie werden im Tagesverlauf dem Stand der Sonne nachgeführt – bestehen aus parabolisch geformten, silberbeschichteten Glas-Spiegeln. Die Spiegel konzentrieren die einfallende Sonnenstrahlung auf ein in der Kollektor-Brennlinie angeordnetes Absorberrohr ③ – siehe hierzu **Bild 2.2**. Die Nachführung erfolgt z. B. mithilfe von Stirlingmotoren (siehe Bild 17.2).

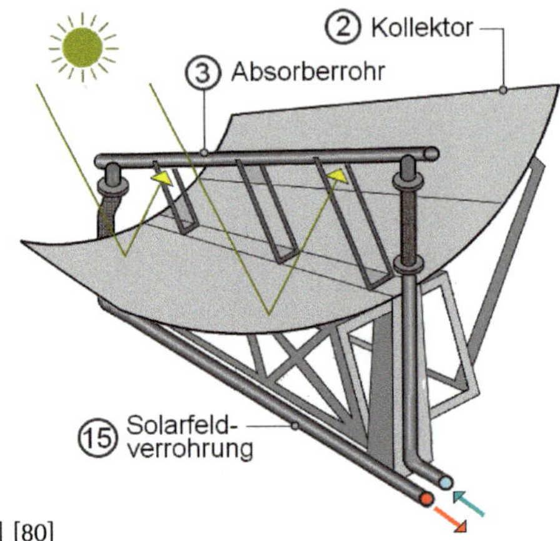

Bild 2.2 Sonnenkollektor [30] [80]

Zur Verbesserung der Wärmeübertragung der Strahlungsenergie ist das Stahl-Innenrohr mit einem vakuumisolierten Glas-Hüllrohr umgeben. In dem Absorberrohr (Durchlässigkeit für Sonnenstrahlung 96 %) zirkuliert in einem geschlossenen Primär-Kreislauf ⑮ ein synthetisches Wärmeträgeröl. Der ölseitige Betriebsüberdruck beträgt bis zu 40 bar. Der Druckausgleich erfolgt über das Ausdehnungsgefäß ⑯ (mit N_2-Polster). Das auf bis ca. 400 °C erhitzte Öl wird sodann in einen Wärmetauscher ④ geleitet, gibt hier seine Wärmeenergie ab und wird mittels Umwälzpumpe ⑤ wieder dem Kollektorsystem ② zugeführt. Die im Wärmetauscher ④ anfallende Wärmeenergie wird sekundärseitig an einen Wasser-Dampf-Kreislauf übergeben. Der erzeugte HD-Dampf hat einen Betriebsüberdruck von 100 bar ($T_{satt} \sim 310$ °C) bei einer Turbinen-Eintrittstemperatur von ca. 390 °C. Der Dampf beaufschlagt eine Dampfturbine ⑥ – diese wiederum produziert mithilfe eines Generators ⑦ elektrischen Strom. Nach Ableistung von Arbeit in der Turbine wird der entspannte Dampf nach Durchströmen eines Kondensatkühlers ⑧ – gekühlt mit Flusswasser oder Kühlturm ⑨ – als Speisewasser mithilfe der Umwälzpumpe ⑩ wieder dem Wärmetauscher/Dampferzeuger ④ (beheizt mit dem Wärmeträgeröl) zugeführt.

Hauptargument bei der Diskussion um die Anwendung erneuerbarer Energien ist der Umstand, dass Wind und Sonne nicht ständig verfügbar sind. Stichwort ist in beiden Fällen das fehlende Speicherverfahren für die erzeugte Energie. Zumindest bei dem hier vorgestellten Projekt hat man dieses Problem mithilfe eines thermischen Speichers gelöst. So wird ein Teil der während des Tages (während der Sonnenstunden) durch die Sonnenkollektoren ① erzeugten Wärme nicht dem Tauscher ④ zugeführt, sondern sie erwärmt in einem Tertiärkreis mithilfe des Wärmetauschers ⑪ flüssiges Salz (Kalium-Natrium-Nitratsalz) und wird so als Wärmeenergie gespeichert. In entladenem Zustand hat das Salz eine Temperatur von ca. 290 °C – nach Beladung steht eine Salzlösung von 390 °C zur Verfügung. Bei einem Fassungsvermögen von 28000 Tonnen je Speicher reicht die Speicherwärme aus, um die Dampferzeugung, also die Stromproduktion, über ca. 7,5 Stunden aufrechtzuerhalten. Bild 2.1 zeigt den Vorgang der Beladung des „heißen" Speichers ⑫ während des Tages. Bei Wärmeentnahme während der Nacht wird die abgekühlte Salzlösung in den „kalten" Speicher ⑬ abgeleitet, um mithilfe der Ladepumpe während der Aufladung am Tage wieder von ⑬ über ⑪ nach ⑫ zu gelangen. Scheint keine Sonne, kann das System hilfsweise mit einer mit fossilem Brennstoff betriebenen Feuerung ⑭ beheizt werden.

Das ähnlich arbeitende **Fresnel-Kraftwerk** soll hier nicht näher beschrieben werden.

ⓘ *Als **Wärmeträgeröl („Thermalöl“)** werden synthetische Öle i. d. R. auf Mineralöl- oder Kohlenwasserstoff-Basis bezeichnet, die thermisch sehr hoch belastbar sind und zur Aufnahme/Abfuhr von Wärme dort eingesetzt werden, wo sich eine direkte Befeuerung verbietet. Bei Öltemperaturen von ca. 300 °C ist meist noch ein druckloser Betrieb (unterhalb des Siedepunktes) möglich. Erst oberhalb des Siedepunktes ist eine Drucküberlagerung erforderlich (mit Inertgas, z. B. Stickstoff – Durchzünden leicht siedender Öl-Bestandteile möglich!). Müssten die 300 °C mit Wasser als Wärmeträger erreicht werden, müsste der Betriebsüberdruck 100 bar betragen – hohe Kosten bei der druckfesten Herstellung der Anlage wären die Folge!*

***Übrigens:** Ab einer „kritischen Temperatur“ bei Wasser von 374 °C/221,2 bar, auch „überkritisches/supercritical Wasser“ (scH2O) genannt, ist der Aggregatzustand des Wassers nicht mehr zu definieren und das Wasser wird als „Fluid“ bezeichnet* [210].

2.2 Solarturm-Kraftwerke

2.2.1 Das Salzturm-Kraftwerk

Eine andere Anlagentechnik gelangt beim sog. Solarturm-Kraftwerk, ebenfalls einer Großanlage, zur Anwendung. Eine der ersten Anlagen dieser Art – THEMIS – entstand 1984 in Frankreich. Nachdem die Anlage mehrere Jahre stillstand, wird nunmehr eine Wiederinbetriebnahme angestrebt [84].

Bei den wie in **Bild 2.3** schematisch dargestellten Solarturm-Kraftwerken wird die Sonnenenergie mithilfe einer Vielzahl von Einzelspiegeln aufgenommen und auf einen auf einem Turm angeordneten Wärmetauscher 1 (auch als Receiver/Brennkammer/Solarofen bezeichnet) fokussiert. Die Spiegel werden der Sonne nachgeführt. Innerhalb des Tauschers

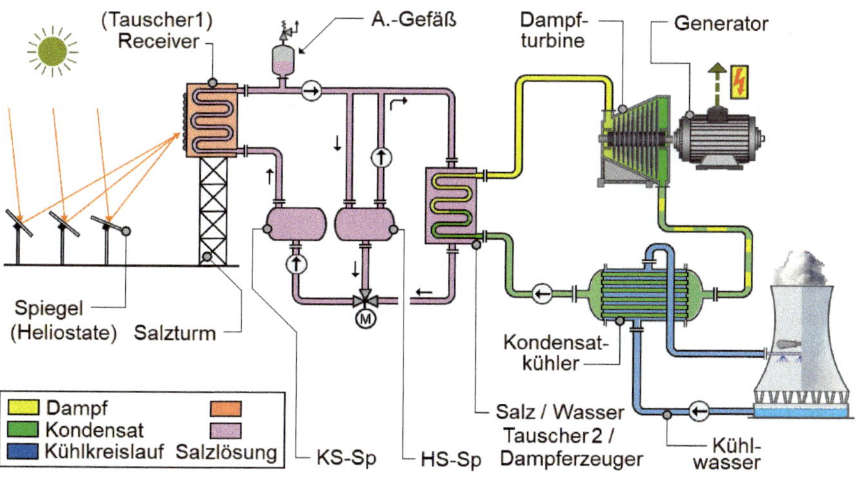

Bild 2.3 Solarturm-Kraftwerk [31]

können Temperaturen von bis zu 1 100 °C erreicht werden. Nach entsprechenden Versuchen wurde die Verwendung von Wasser als Wärmeträger als ungeeignet erkannt. Stattdessen wird der Tauscher 1 von einer Salzlösung (Gemisch aus Kalium mit Natrium-Nitratsalz) durchströmt. Nach Aufheizung des Salzgemisches von ca. 265 °C auf 565 °C innerhalb des Tauschers mithilfe der eingestrahlten Sonnenenergie wird dieses heiße Salz (wie beim zuvor beschriebenen Parabolrinnen-Verfahren) nach Zwischenlagerung in einem Heißsalzspeicher [HS-Sp] oder unmittelbar einem Salz-/Wasser-Wärmetauscher 2 zugeleitet. In diesem Tauscher wird unter Wärmeabgabe aus dem Salz an das Wasser Dampf erzeugt, der seinerseits zur Stromerzeugung einer Dampfturbine mit gekoppeltem Generator zugeleitet wird. Das nach Wärmeabgabe innerhalb des Tauschers abgekühlte Salzgemisch wird in den o. g. Kaltsalzspeicher [KS-Sp] zurückgeführt und von dort aus wieder in den Salzkreislauf eingeschleust (siehe Abhandlung von Dr. Robert Pitz-Paal – Deutsches Zentrum für Luft- und Raumfahrt/DLR – [30] [31] [47] [172]).

2.2.2 Der atmosphärische Luftreceiver

Bei einem in Abschnitt 2.2.1 genannten ähnlichen System wird anstelle von Salz Luft als Wärmeträger eingesetzt [47]. In diesem Fall wird der salzdurchflossene Tauscher 1 durch einen Absorber ersetzt, der ähnlich aufgebaut ist wie z. B. ein Ljungström-Luftvorwärmer (bekannt aus der Hochofen- und Kesseltechnik). Seine Tauscherheizfläche besteht meist aus metallischen oder keramischen Geweben. Auch bei diesem System ist der Einsatz eines Heißspeichers möglich. Die im Speicher vorhandene keramische Schüttung kann sich am Ende der Beladung auf bis zu 700 °C erhitzen. Nach Wärme-/Energieabgabe strömt die (unter atmosphärischem Druck stehende) Luft mit einer Temperatur von etwa 120 °C zurück in den mit Sonnenenergie beheizten Turm-Absorber. Die Umwandlung der erzeugten Wärme in Strom erfolgt entweder mittels Gasturbine oder – unter Zwischenschaltung eines Luft-/Wasser-Tauschers – in einer Dampfturbine mit nachgeschaltetem Generator. Wird mittels des Luft-/Wasser-Tauschers HD-Dampf erzeugt, so kann dieser der Dampfturbine mit ca. 480 °C bei 26 bar (T_{satt} = 225 °C) zugeleitet werden.

2.3 Solarteich-Kraftwerk

Wie auch beim in Kapitel 5 beschriebenen Aufwind-/Fallwind-Kraftwerk ist auch die nachfolgend beschriebene Anlage, das sog. Solarteich-Kraftwerk, insbesondere für Landschaften mit hohen Temperaturen geeignet. Voraussetzung zur Anwendung dieser Technik ist, wie der Name sagt, ein flacher Salzsee. Wird die Wasseroberfläche von der Sonne bestrahlt, so werden die Sonnenstrahlen in die unteren Schichten abgeleitet und dort als Wärmeenergie gespeichert. Aufgrund des Salzgehaltes und damit der höheren Dichte gehorcht dieses warme Salzwasser nicht mehr den thermodynamischen Regeln, steigt also nicht an die Oberfläche, verbleibt vielmehr am Grund des Sees. Wird dieses salzhaltige Wasser nun abgezogen, kann es zur Stromerzeugung eingesetzt werden. Zur Ausbeutung der energiearmen Wärmequelle bedarf es allerdings einer besonderen Verfahrenstechnik, da das „heiße" Salzwasser lediglich eine Temperatur von bis zu 90 °C annimmt. Dazu bedient man sich eines aus der Kältetechnik bekannten und bei niedrigen Temperaturen siedenden Kältemittels. Das Verfahren basiert auf dem Carnot-Kreisprozess (siehe Abschnitt 16.1) und ist als **ORC-Verfahren** (Organic-Rankine-Cycle/Rankine-Kreisprozess unter Verwendung eines organischen Arbeitsmittels) in **Bild 2.4** vereinfacht dargestellt.

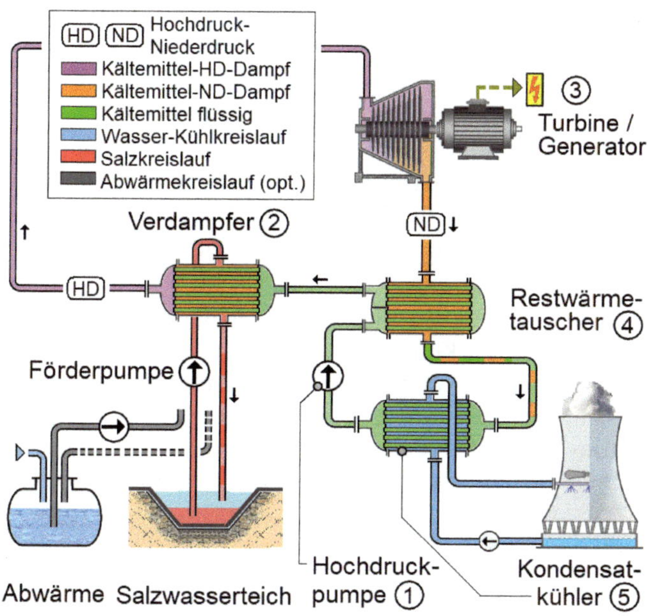

Bild 2.4 Solarteich, ORC-Fließbild [43]

Beim ORC-Verfahren wird ein organisches niedrigsiedendes flüssiges Fluid (Kältemittel) mittels Pumpe ① auf Hochdruck gebracht und nimmt im Restwärmetauscher ④ sekundärseitig Restwärme auf. Das vorgewärmte Fluid wird im Verdampfer ② mithilfe der aus o. g. Salzwasserteich entnommenen Wärmeenergie erhitzt und verdampft. Der Kältemitteldampf wird sodann der Entspannungsturbine mit Generator ③ zur Stromerzeugung zugeführt. In der Turbine ③ expandiert der Heißdampf unter Druckabsenkung und Stromerzeugung. Der Niederdruckdampf wird nun (unter Abgabe von Wärmeenergie an die Sekundärseite) primärseitig durch o. g. Tauscher ④ und weiter in den Kondensat-Kühler ⑤ geführt. Hier wird das dampfförmige Fluid verflüssigt und sodann mittels Flüssigkeitspumpe ① der Primärseite des Tauschers ④ zum Zweck der Energieaufnahme und von hier vorgewärmt wieder dem Verdampfer ② zugeführt – der Kreislauf (isobare – druckgleiche Wärmezufuhr/adiabate – wärmeenergiegleiche Expansion mit Volumenarbeit/isobare Kondensation/adiabate Verdichtung) schließt sich [114]. Das ORC-Verfahren kann auch zum Einsatz kommen, wenn aufgrund der vorliegenden Minder-Temperaturen (z. B. bei der Abwärmeverwertung ▬▬) eine herkömmliche Dampferzeugung zum Betrieb einer Turbine nicht möglich ist.

3 Sonnenkollektoren

3.1 Der Flachkollektor

Zuvor wurden Solarthermie-Anlagen beschrieben, bei denen die Sonnenenergie als Wärme in Heißspeichern bevorratet wird, um bei Bedarf mittels Wärmetauschern und Dampfturbinen Strom zu erzeugen. Im häuslichen Bereich sind zur Gebäudebeheizung und Warmwasserbereitung u. a. Flachkollektoren oder Röhrenkollektoren gebräuchlich.

Bild 3.1 zeigt einen Flachkollektor. In Bild 3.1 A bestrahlt die Sonne eine Glasfläche und erwärmt die Luftschicht zwischen der Glasscheibe und der darunter befindlichen Absorberfläche. Die zwischen einer auf der Kollektorrückseite angeordneten Wärmedämmung und der Absorberfläche installierten, mit Wasser- oder Wärmeträgerflüssigkeit durchflossenen und als Register oder Mäander angeordneten Rohre werden von der im Absorber gespeicherten Wärme aufgeheizt. Das erwärmte Medium wird in einem Warmwasser-Speicher bevorratet oder zirkuliert in einem Heizungssystem.

Zur Arbeitsweise des Luftkollektors in Bild 3.1 B siehe auch Bild 16.2.

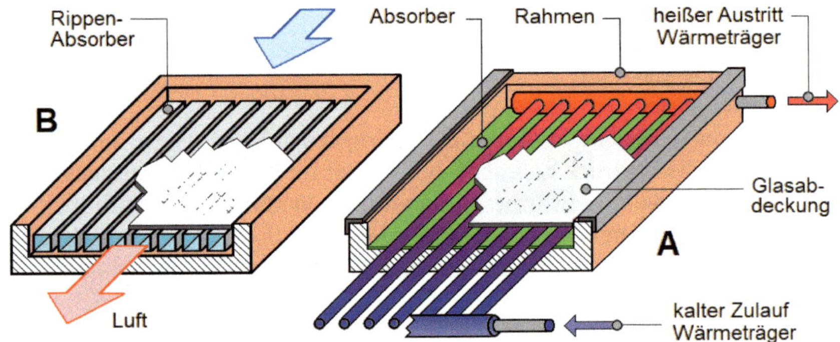

Bild 3.1 Sonnen-Flachkollektor (Solarthermie) [92]

3.2 Der Röhrenkollektor

Bild 3.2 zeigt einen direkt durchströmten Vakuum-Röhrenkollektor. Bei dieser Kollektorbauart werden die U-förmig angeordneten, von Wasser bzw. Sole durchflossenen Rohre einzeln in evakuierte Glasrohre eingeschlossen. Diese sind in einen Absorber eingebettet, der die Sonnenenergie aufnimmt, speichert und an die Rohre weitergibt. Die so vorbereiteten Glasrohre werden nebeneinander in einen Rahmen eingelegt und flüssigkeitsseitig miteinander und diese wiederum mit dem Heizungs- oder Warmwassersystem verbunden.

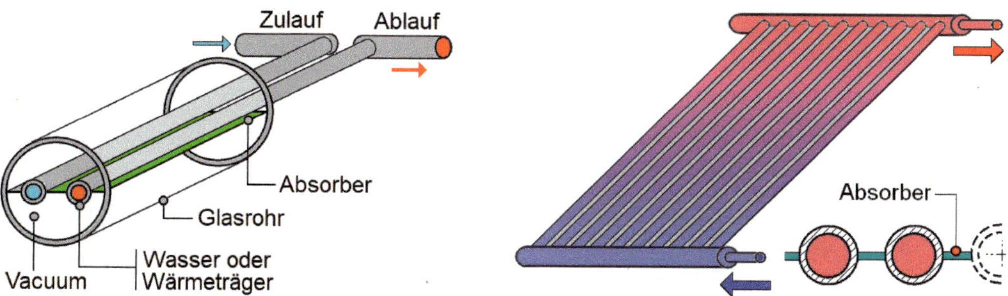

Bild 3.2 Vakuum-Röhrenkollektor [93]

Bild 3.3 Flächen-Röhrenkollektor (Registerbauart) [91]

Bild 3.3 zeigt einen Flächen-Röhrenkollektor. Hier sind die einzelnen Rohre wegen der Vergrößerung der Heizfläche/Verbesserung der Wärmeleitung mit dem Plattenabsorber durch Schweißen oder Lötung miteinander verbunden.

In **Bild 3.4** ist schematisch die Anwendungsmöglichkeit einer Solarthermie-Anlage, kombiniert mit einer herkömmlich beheizten Wärmeerzeugungsanlage, dargestellt. Bei der abgebildeten Schaltung ist entweder die Brauchwarmwasserseite mit einer Temperaturregelung [TR] zu versehen, um Verbrühungen auszuschließen, oder die Raumheizung muss mit niedrigen Vorlauftemperaturen zu betreiben sein. Der in das System eingebundene fossil beheizte Kessel dient der Energieversorgung bei fehlender Sonnenstrahlung.

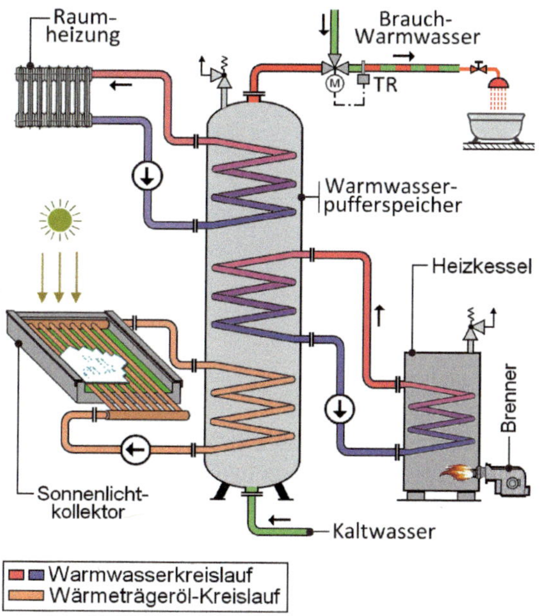

Bild 3.4 Solarthermie-Anlage

4 Stromerzeugung mithilfe der Photovoltaik

Anders als bei den zuvor beschriebenen Verfahren, die die Sonnenenergie mittelbar zur Strom- oder Wärmeerzeugung nutzen, setzt die folgend beschriebene Photovoltaik-Anlage die Sonnenenergie unmittelbar zur Stromerzeugung um. Schon seit Jahren erprobt ist die Stromerzeugung mithilfe dieser Technik. Unter Photovoltaik versteht man die Umwandlung von Lichtenergie in elektrische Energie mithilfe einer Solarzelle (Bild 4.2), eines Halbleitermaterials, das kurzwellige Strahlungsenergie, z. B. Sonnenenergie, in elektrische Energie wandelt. Erfolgt die Energiegewinnung nur dezentral in vielen Anlagen (z. B. Hausdächer) und wird der so erzeugte Strom lokal verbraucht bzw. der Energieüberschuss in das örtliche Stromnetz eingespeist, so spricht man von Niederspannungsbereichen. Wird Photovoltaik in industriellem Umfang eingesetzt, um auch überregionale Verbrauchsnetze zu versorgen, spricht man von einem Mittelspannungs- (bis 35 kV) oder Hochspannungsnetz.

In **Bild 4.1** schematisch dargestellt ist eine Einheit eines Solarfeldes, bestehend aus 15 Solarmodulen.

Bild 4.1 Photovoltaik-Solarfeld mit horizontaler Sonnennachführung

Die Abmessung jedes Moduls kann ca. 1,6 × 0,8 m betragen. Jedes Modul ist aus einer Vielzahl von bis zu 144 Solarzellen (z. B. solchen nach Bild 4.2) zusammengesetzt, die ihrerseits durch Lötung, diese wiederum durch Zusammenschluss zu sog. Strings miteinander verbunden werden [76] [90]. Ein Solarfeld kann durchaus aus 500000 Modulen mit einer elektrischen Leistung von ca. 50 MWp bestehen.

In der dicht besiedelten Bundesrepublik Deutschland sind hinreichend große Freiflächen zur Installation von Photovoltaik-Solarfeldern knapp. Eine Lösung bietet das sog. AGRI-PV-System. Hier werden die PV-Module auf Ackerflächen aufgeständert. Unterhalb der Module können die Flächen als Landwirtschafts- oder Weidefläche genutzt werden, während oberhalb dieser Flächen Strom erzeugt wird.

Wie erläutert ist bislang die unmittelbare Speicherung des erzeugten Stromes in großem Stil nicht möglich. Also muss man Umwege beschreiten. Einer dieser Wege ist die Umwandlung des mittels Photovoltaik erzeugten Stromes in speicherbaren Wasserstoff. Um eine für die Wasserstofferzeugung mittels Elektrolyse nutzbare Leistung zu erreichen, werden viele Zellen zu sog. Solarmodulen zusammengeschlossen. Diese erzeugen immer Gleichstrom. Daher muss dieser vor Einspeisung in ein Wechselstrom-Verbrauchsnetz stets mithilfe eines Wechselrichters in Wechselstrom umgewandelt werden. Was liegt näher, als stattdessen den mit Solartechnik erzeugten (Überschuss-) Strom verlustfrei bei der ohnehin auf Gleichstrom angewiesenen Elektrolyse, wie im Abschnitt 7.1.1 beschrieben, zu nutzen?

ⓘ *MWp ist eine im Bereich der Photovoltaik gebräuchliche Bezeichnung für die elektrische Spitzen-(peak-)Leistung von Solarzellen* [26]. *Die Leistung wird ermittelt unter Testbedingungen und hängt ab von der Zellentemperatur (25 °C), der Bestrahlungsstärke (hängt ab vom durchschnittlichen Einfallswinkel des Sonnenlichtes und der starren bzw. dem Sonnenstand nachgeführten Ausrichtung der Module) und dem Sonnenlichtspektrum.*

4.1 Die Solarzelle

Jetzt ist ein wenig physikalisches Verständnis vonnöten!

ⓘ *Das Ausgangsmaterial einer* **Solarzelle** *ist i. d. R. Silizium, ein Halbleitermaterial. Bei einer Solarzelle wird durch Lichtzufuhr (Energiezufuhr durch Photonen) dieser Halbleiter leitfähig* [50] [90] [217].

*Jedes Atom besteht aus dem Atomkern (mit Neutronen und positiv geladenen Protonen) und um ihn herum auf konzentrischen Schalen angeordneten negativ geladenen Elektronen. Ein Atom besteht (gedanklich) aus mindestens einer und maximal acht Außenschalen. Das Siliziumatom besitzt 14 Protonen und 14 Neutronen im Atomkern und 14 Elektronen (zwei in der 1. Schale/acht in der 2. Schale) in der Atomhülle. Die dritte Elektronenschale des Siliziumatoms ist mit nur vier Elektronen unvollständig besetzt. Zur Herstellung einer Solarzelle wird das Material in dünne Scheiben, sog. Wafer, geschnitten und dotiert („geimpft"). In der oberen Schicht der Solarzelle befinden sich Siliziumatome mit vier Außen-(Valenz-) Elektronen, die mit Phosphoratomen verbunden sind. Die dritte Elektronenschale des Siliziumatoms ist wie gesagt mit nur vier Elektronen besetzt. Das Phosphoratom hingegen hat fünf Außenelektronen. Verbindet sich das Phosphoratom mit dem Siliziumatom, hat die Oberschicht ein überschüssiges Außenelektron (***n-Dotierung*** *– eine negative Ladung –, daher der Begriff „n-dotiert"). Die unterste Schicht des Siliziumatoms ist mit Bor-Atomen „verunreinigt". Bor weist in seiner äußeren Schale nur drei Elektronen auf, die eine Verbindung mit dem Siliziumatom eingehen können. Da für die vierte Bindung ein Elektron fehlt, nennt man diese Fehlstelle „Elektronenloch". In dieses Loch positioniert sich das überschüssige/freie Elektron der Oberschicht. Die untere Schicht wird* ***p-dotierte Schicht*** *(positive Ladung, daher p-dotiert) genannt. Bei auftreffender Lichtenergie wird das Siliziumkristall zu höherer Beweglichkeit der Elektronen angeregt. Überzählige Elektronen der n-dotierten Schicht wandern dann in die Löcher der p-dotierten Schicht. Beide Schichten werden durch die* ***pn-Grenzschicht*** *getrennt. Aufgabe der Grenzschicht ist u. a., die Rekombination (rasche Rückbildung der Kristallstruktur [∩]) zu verhindern. Verbindet man die n- und p-Schicht über Kontaktflächen mit einem Verbraucher, kommt es zu einem Elektronenfluss – es wird Gleichstrom erzeugt.* **Bild 4.2** *zeigt schematisch eine Solarzelle.*

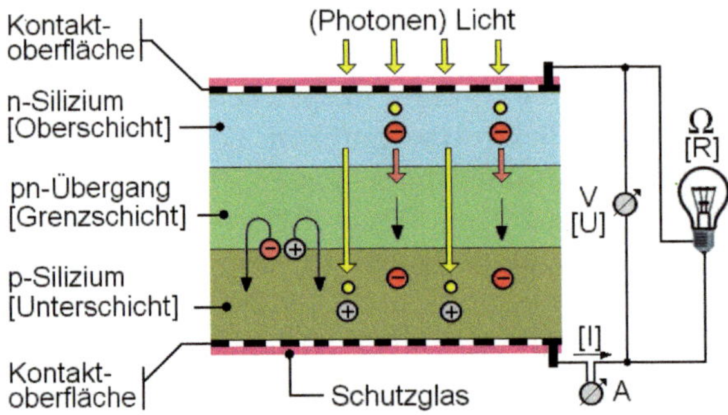

Bild 4.2 Silizium-Solarzelle

Unter **Dotieren** versteht man das Einbringen von Fremdatomen in den Halbleiterwerkstoff zur gezielten Veränderung der Leitfähigkeit. Bei der n-Dotierung weist das Element, das in den Halbleiter eingebaut werden soll, auf der äußeren Schale ein Elektron mehr auf als der Halbleiter und dient als Ladungsträger. Bei der p-Dotierung fehlt dem Halbleiter ein Elektron und er kann ein solches aufnehmen.

ⓘ *Ein **Halbleiter** ist ein Festkörper, der hinsichtlich seiner elektrischen Leitfähigkeit sowohl leitend als auch nichtleitend reagieren kann. Die Leitfähigkeit ist temperaturabhängig. In der Nähe des Temperatur-Nullpunktes wirkt ein Halbleiter wie ein Isolator, verliert also seine Leitfähigkeit* [211].

5 Solarthermische Windkraftwerke

Ein eher unbekannter Anwendungsbereich der Kraftwerkstechnik sind das Fallwind- und das Aufwind-Kraftwerk nach **Bild 5.1**.

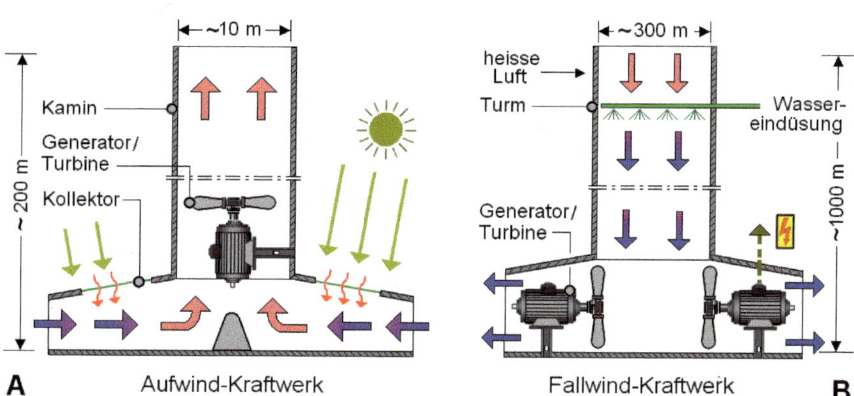

Bild 5.1 Fall-/Aufwind-Kraftwerk

Allein die Größe schränkt die Errichtung solcher Anlagen ein. Hinzu kommt, dass beide Anlagentypen an bestimmte klimatische/sonnenreiche Bedingungen gebunden sind. Wegen starker Erhitzung des Erdbodens, z. B. infolge eines Waldbrandes, können sog. Bodenfeuer entstehen. Durch die infolgedessen entstehende Konvektion steigen erwärmte Luftmassen in die Atmosphäre – es kommt zu Pyrocumulus-/Feuerwolken. Dieses Naturereignis könnte gedanklich Pate gestanden haben bei der Entwicklung des nachfolgend beschriebenen Aufwind-Kraftwerkes (Bild 5.1 A).

Das Kraftwerk (die folgenden Daten entstammen der Anlage Manzanares/Spanien – einem Projekt des deutschen Bundesforschungsministeriums [20]) besteht aus einem kreisförmigen Dach ähnlich einem Treibhaus (Grundflächen 40 000 m^2 und mehr). In dieses eingebettet ist eine Kollektorfläche aus lichtdurchlässiger Folie oder Kunststoff von ca. 6 000 m^2. In der Mitte der Konstruktion steht ein Kamin mit einer Höhe von 200 m und einem Radius von ca. 5 m. Die einfallende Sonnenenergie erwärmt den Boden unter dem Glasdach. Die in das Kammersystem infolge des Soges einströmende Luft wird über die im Boden gespeicherte Wärme erhitzt und steigt wegen ihres gegenüber der kalten Luft (Δt = 20 °C) außerhalb der Anlage geringeren Gewichtes nach oben (thermischer Auftrieb). Auf dem Weg zur Kaminmündung treibt sie entweder im Eintrittsbereich zum Kamin zwei Turbinen oder am Fuß zur senkrechten Kaminröhre eine Turbine, jeweils mit einem Generator gekoppelt, an. Innerhalb der Glaskuppel befindet sich ein zusätzliches und tagsüber aufgeheiztes Wasserreservoir, üblicherweise aus Schläuchen. Das warme Wasser erwärmt während der Nacht die Luft innerhalb der Kuppel, die ihrerseits wie im Tagbetrieb ersatzweise die Turbine antreibt. Die Nennleistung der Prototyp-Anlage beträgt 50 kW.

Beim Fallwind-Kraftwerk nach Bild 5.1 B strömt heiße Luft von oben in einen Turm und wird mit zerstäubtem Wasser benetzt [117]. Durch die Abkühlung infolge der Verdunstung fällt die nunmehr schwere energiearme Luft nach unten und treibt auf ihrem Weg zum Fuß des Turmes dort rundum installierte Turbinen mit gekoppelten Generatoren an.

Laut Berichten wird zurzeit in Arizona/USA ein Fallwind-Kraftwerk errichtet. Der Turm soll 680 m hoch und 350 m breit sein. Die jährliche durchschnittliche elektrische Leistung kann bis auf 1 250 MW gesteigert werden. Zwar entfallen das beim Aufwind-Kraftwerk erforderliche Dach und die Kollektoren – die benötigten Grundflächen beider Anlagentypen sind jedoch vergleichbar [42].

6 Windenergie

6.1 Stromerzeugung mithilfe der Windkraft

6.1.1 Windmühle

Wasser und Wind waren die ersten von Menschen genutzten Energieformen. Mithilfe von Windmühlen konnte sich der Mensch anfallende Arbeit wie das Mahlen von Getreide und das Pumpen von Wasser erleichtern. Hinweisen in der Literatur zufolge wurden Windmühlen schon um 1750 v. Chr. in Babylon benutzt. Um 220 n. Chr. kamen sie in China als Pumpen zum Schöpfen von Wasser zum Einsatz, um 800 n. Chr. auch in Persien zum Mahlen von Getreide (**Bild 6.1**) [18] [63]. Diese Bauform wird als „Widerstandsläufer“ bezeichnet, weil sie den Strömungswiderstand nutzt.

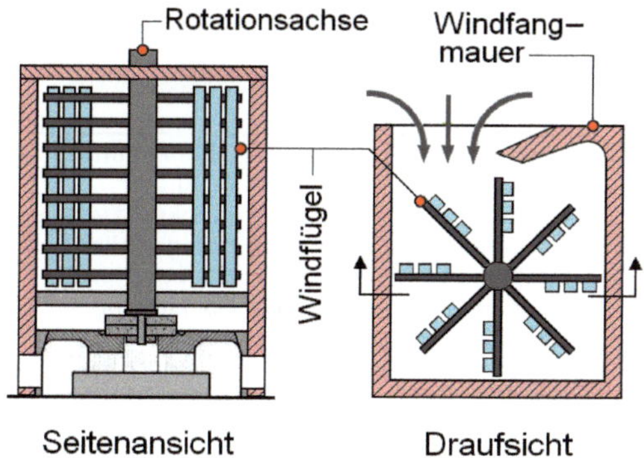

Bild 6.1 Persische Windmühle mit senkrecht stehender Rotationsachse

In Europa taten Windmühlen mit vertikalem Rad und horizontaler Welle, wie in **Bild 6.2** dargestellt, ab dem 12. Jahrhundert Dienst. Das Bild zeigt einen sog. Galerieholländer. Bei unebenem Gelände wird die Mühle zur Verbesserung des Wirkungsgrades auf einem steinernen Unterbau aufgeständert. Wegen der dann größeren Mühlenhöhe konnte allerdings die Flügel- und Kappenverstellung nicht mehr vom Boden aus erfolgen. So baute man eine umlaufende Galerie, von wo aus die Bedienung der Kappe/der Flügel von Hand erfolgen kann. Ist (wie dargestellt) eine Windrose zur selbsttätigen Windrichtungsnachführung vorhanden, ist das Krüh-/Drehwerk ⑯ [94] nicht erforderlich.

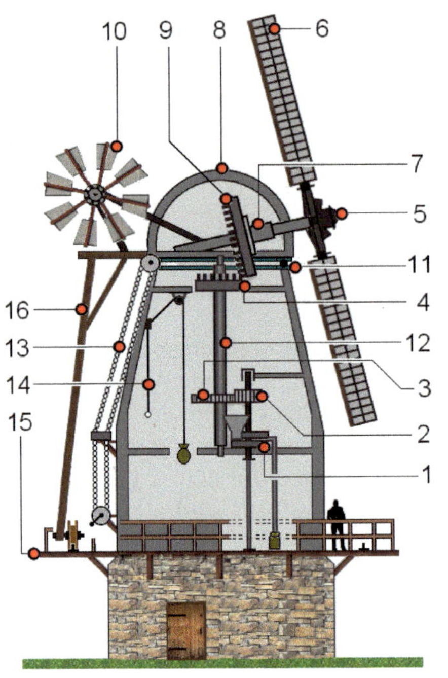

1 = Mahlgang [M]	9 = Obenkammrad
2 = Stockrad	10 = Windrose
3 = Stirnrad	11 = Drehkranz
4 = Obenbunkler	12 = Königswelle
5 = Jalousieverstellung	13 = Kappenbremse
6 = Ruten	14 = Sackaufzug
7 = Flügelwelle	15 = Galerie
8 = Mühlenkappe	16 = Steert/Krühwerk

Bild 6.2 Galerie-Windmühle

Bild 6.3 [10] [25] zeigt eine andere Bauart, den sog. „Auftriebsläufer“, auch „Senkrechtachser“ genannt – seine Rotorblätter arbeiten quer zur Windrichtung.

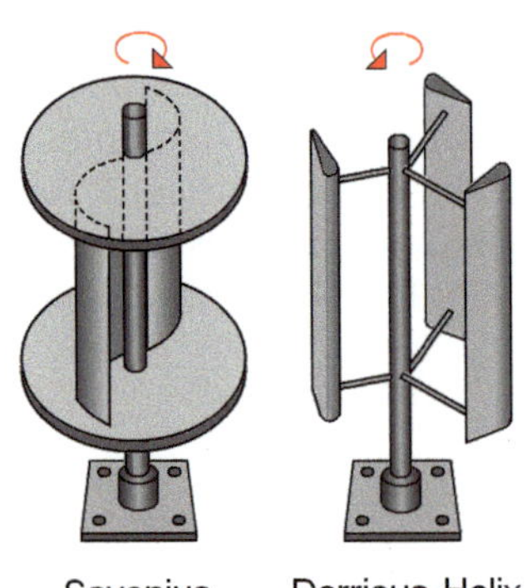

Bild 6.3 Rotor-Bauarten

Die Darrieus-Bauweise kommt auch als Unterwasser-Turbine zum Einsatz. Den Savonius-Rotor finden wir auch beim Flettner-Schiffsantrieb.

Ab etwa 1890 dienten Windmühlen weltweit auch der Stromerzeugung. In diesem Fall wurde der Mahlgang entfernt – an seiner Stelle wurde ein Generator mit der Königswelle verbunden (siehe auch Bild 12.3).

Bild 6.4 [74] zeigt ein modernes Offshore-Windrad – übliche Abmessungen sind im Bild markiert. Baugleiche Anlagen werden auch landgebunden betrieben. Die Leistung einer Offshore-Anlage beträgt zurzeit bis zu 6,0 MW. Die Windenergie ist mit weltweit etwa 742 GW (Deutschland ca. 62 GW) an der Erzeugung alternativer Energie beteiligt – siehe auch Bild 12.26. An Land werden hiervon ca. 41 %, offshore ca. 10 % erbracht.

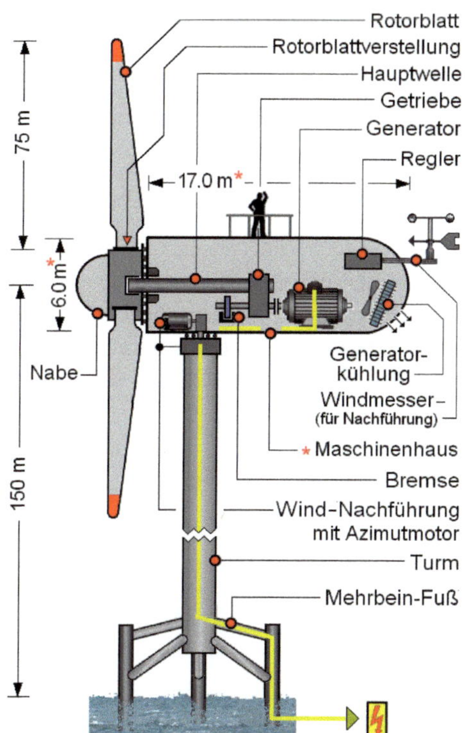

Bild 6.4 Offshore-Windrad

Das in Bild 6.4 dargestellte Offshore-Windrad ist mithilfe eines Gerüstes (Vierbein-Jacket/Dreibein-Sockel/Einrohr-Monopile) fest mit dem Meeresboden verbunden. Je nach Untergrund müssen die Fundamente dieser Windräder 50 m und tiefer im Meeresboden verankert werden. Nur so widerstehen die Räder Sturm und Wellengang. Standorte in uferfernen Bereichen verbieten sich wegen der dann großen Wassertiefen und den damit unverhältnismäßig hohen Installationskosten.

In neuester Zeit befinden sich zahlreiche schwimmende Windkraftanlagen in der Erprobung. Sie bestehen aus Plattformen, die aus Schwimmkörpern gebildet werden. Auf diesen wird die Einheit aus Turm und Turbinen-Generator-Gondel aufgesetzt. Die komplette Einheit wird an Land zusammengebaut und sodann an ihren „Standort“ auf See verbracht. Hier erfolgt die Befestigung nur mithilfe von Seilen, die im Meeresboden verankert werden. Eine weitergehende Befestigung im Meeresgrund entfällt [56]. Der „Standort“ ist von der Meerestiefe unabhängig. In Entwicklung befindlich ist eine mit Eisenerz befüllte und mit Seilen am Meeresboden verankerte Stahlboje, die zugleich als Schwimmer und Turm dient.

6.1.2 Höhenwind-/Flugwindkraftwerk

Ein Flugwindkraftwerk wird im Gegensatz zu den zuvor beschriebenen Windkraftanlagen nicht wie z. B. ein Windrad mithilfe von Masten ortsgebunden am Boden, sondern – gehalten von Seilen – in großer Höhe betrieben. Aufgrund der Hindernisse am Boden (Hügel, Bebauung, Wälder) ist die Windgeschwindigkeit in großer Höhe viel stärker als am Boden.

Eine Windkraftanlage schwebt entweder durch

- den aerodynamischen Auftrieb (z. B. das Flugzeug)

  oder

- aufgrund seines gegenüber der umgebenden Luft niedrigeren Gewichtes (z. B. der Freiluftballon).

Im ersten Fall (**Bild 6.5**) nutzt ein Lenkdrache die Windenergie als Auftriebskraft aus. Hierzu sind eine Start- und Landeeinrichtung für den Drachen, die Seilwinde sowie ein Generatormotor auf einer Arbeitsplattform montiert, die offshore am Meeresgrund verankert ist. Unterhalb des Drachens (im Leinenbaum) hängt die Gondel ⇦ zur Steuerung des Drachens.

Bild 6.5 Windkraftwerk [21]*

Beim Steigflug des Drachens – seine Größe kann bis zu 120 m^2 betragen – wird infolge des Auftriebes ein Seil von der am Haltemast befindlichen Seilwinde abgewickelt und treibt bei seinem Aufstieg den mit der Winde gekoppelten Generator an, der seinerseits Strom erzeugt. Hat der Drache das Seil auf volle Länge ausgezogen (dies können bis zu 800 m sein), wird es in einem zweiten Schritt mithilfe des nun als Motor arbeitenden Generators auf die mit der Winde verbundene Trommel zurückgezogen. Für diesen zweiten Schritt wird allerdings nur ein Teil jener Energie benötigt, die beim Steigflug erzeugt wird. Die überschüssige Energie wird mittels Seekabel an Land transportiert [21].

Das gleiche System findet auch landgebunden (als Onshore-Anlage) Anwendung. Hier sind die Start- und Landevorrichtung für den Drachen, die Seilwinde sowie der Generatormotor am Haltemast einer Bodenstation angeordnet. Diese Bodenstation kann auch ortsbeweglich betrieben werden. Eine weitere Anwendung eines Drachens wird zu Bild 6.8 beschrieben.

Im zweiten Fall (**Bild 6.6**) ist in der hohlen Mitte eines ring-/röhrenförmigen, aufblasbaren Kunststoff-Auftriebskörpers ① ein Windrotor angeordnet. Einem Freiluftballon ähnlich ist der doppelwandige zylindrische Kunststoffhohlkörper mit Heliumgas ● gefüllt (und damit leichter als Luft), um der Konstruktion den benötigten Auftrieb zu geben.

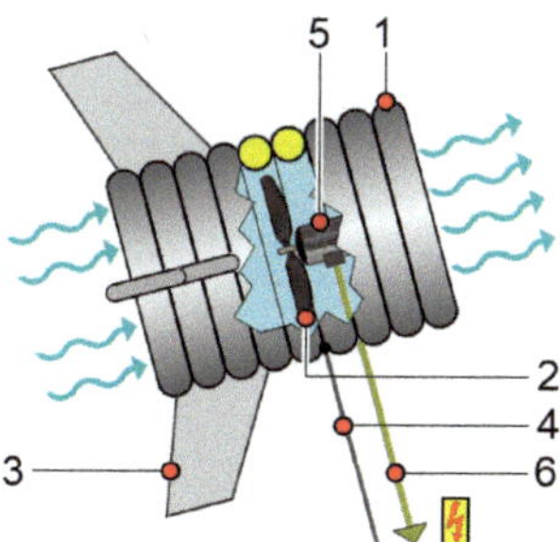

Bild 6.6 Flugwindkraftwerk (Mantelturbine)

Damit sich der Auftriebskörper zum Wind ausrichtet, befindet sich am Außenmantel ein Leitwerk ③. Der in dem mit Gas gefüllten Hohlzylinder angeordnete Rotor ② dient dem Antrieb des Generators ⑤. Die Verbindung zwischen Auftriebskörper und Erdboden wird durch Halteseile ④ hergestellt. In eines dieser Seile ist ein Kabel ⑥ zur Ableitung des erzeugten Stromes in die Übergabestation eingearbeitet [46] [75].

Ein anderes Flugwindkraftwerk besteht aus zwei gasgefüllten Hohlzylindern als Auftriebskörper, zwischen denen eine ebenfalls gasgefüllte Trommel mit aufgesetzten Kunststoffschaufeln angeordnet ist. Die Konstruktion erinnert optisch an ein Wasserrad. Die horizontale Drehung des Objektes kommt über den Magnus-Effekt zustande (siehe Abschnitt 6.1.3) – die Formgebung der Schaufeln kann dem Savonius-Rotor entsprechen (Bild 6.3). Die Rotation treibt einen in der Mittelachse befindlichen Generator an. Das stromführende Kabel ist in eine der beiden außen mit der Achse verbundenen Haltevorrichtungen integriert.

6.1.3 Der Flettner-Rotor

Das Segelschiff nutzt ohnehin schon die alternative Energie „Wind“ als Antrieb. Seit einiger Zeit laufen Versuche, den **Flettner-Rotor – Bild 6.7** [34]) – als zusätzliche Antriebsart einzusetzen und dies sowohl bei Segel- als auch bei Frachtschiffen (kleines Bild – [219]).

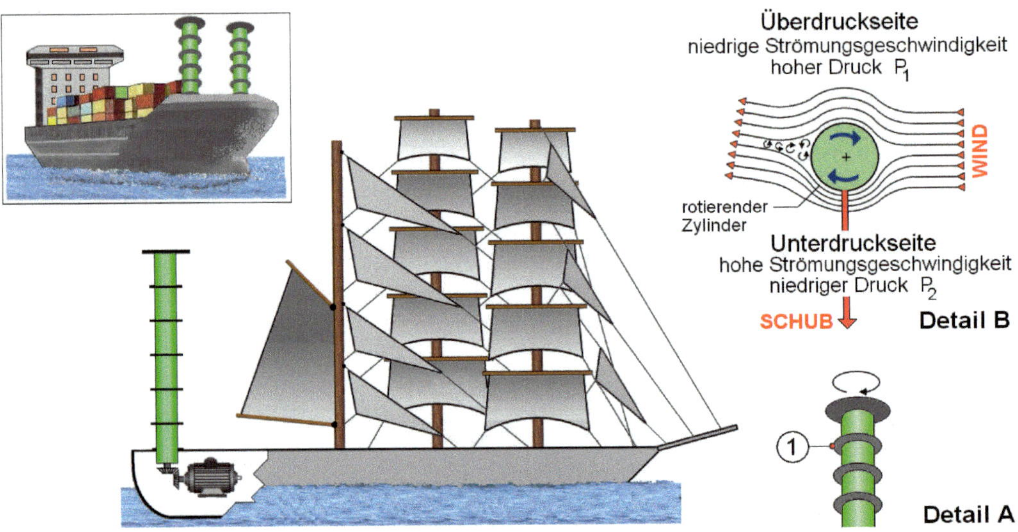

Bild 6.7 Segelschiff mit zusätzlichem Flettner-Rotorantrieb

Der Flettner-Rotor wird als Ergänzung des Diesel-, aber auch des Wind-Antriebes eingesetzt. Der Rotor ist ein der Windströmung ausgesetzter stehender rotierender Zylinder (durchaus 3 m ⌀) aus Blech oder GfK. Er wird oben mit einer ca. 35 cm über die Walze hinausragenden Endscheibe gedeckelt (Bild 6.7 Detail A), zudem unterhalb mit Scheiben ① versehen, um den Luftstrom an der Walze zu halten (Quertriebsbeiwert). Der Rotor wird mit einer an die herrschende Windgeschwindigkeit angepassten Geschwindigkeit elektrisch in Rotation versetzt. Der rotierende Zylinder erzeugt durch Oberflächenreibung (Magnus-Effekt – Bild 6.7 – Detail B [2]) gegen die Strömungsrichtung einen Strömungsstau, auf der gegenüberliegenden Seite eine Strömungsbeschleunigung, folgend eine quer zur Anströmung gerichtete Ablenkungskraft. Im rechten Winkel zur Windrichtung entsteht am Rotor eine Kraft in Fahrtrichtung (siehe Bild 6.7 – Detail B – dynamischer Vortrieb). Bei einem Flugzeugflügel entspräche diese Kraft dem Auftrieb. Ein ausschließlich mit Flettner-Rotoren ausgerüstetes Schiff müsste allerdings ähnlich einem Segelschiff gegen den Wind kreuzen und bliebe bei Flaute antriebslos. Somit bleibt es hier beim Zusatzantrieb. Bevorzugter Aufstellungsort des Rotors sind Bug oder Heck des Schiffes, wobei die Anströmung störungsfrei erfolgen muss. Doch nicht nur der direkte Vortrieb des Schiffes mithilfe des Flettner-Rotors ist möglich, sondern umgekehrt auch die Stromerzeugung mithilfe des Flettner-Rotors sowohl als Schiffsantrieb als auch an Land. Auf einem Schiff sorgen dann stromgetriebene Turbinen für den nötigen Vortrieb des Schiffes.

ⓘ *Wird infolge des **Magnus-Effektes** ein durch Fremdenergie angetriebener rotierender Zylinder von der Luftströmung (WIND) im rechten Winkel zur Rotationsachse angeströmt,* *so erzeugt der Körper die Querkraft (**SCHUB**), die um 90° versetzt zur Richtung der Luftströmung wirkt. Verantwortlich ist die Strömungsgeschwindigkeit, die auf der Seite des Körpers, der sich **mit** der Anströmung (←) dreht, größer ist als auf der anderen Seite. Der Druckunterschied (P1 > P2) ist die Ursache für die Querkraft – Bild 6.7 B* [2].

6.1.4 Zugdrachen-Antrieb

Eine Möglichkeit, beim Betrieb von Schiffen den Verbrauch von Öl oder Gas als Antriebsenergie zu verringern und hilfsweise stattdessen die Windenergie unterstützend zu nutzen, stellt die Verwendung eines Zugdrachens dar, wie in **Bild 6.8** gezeigt.

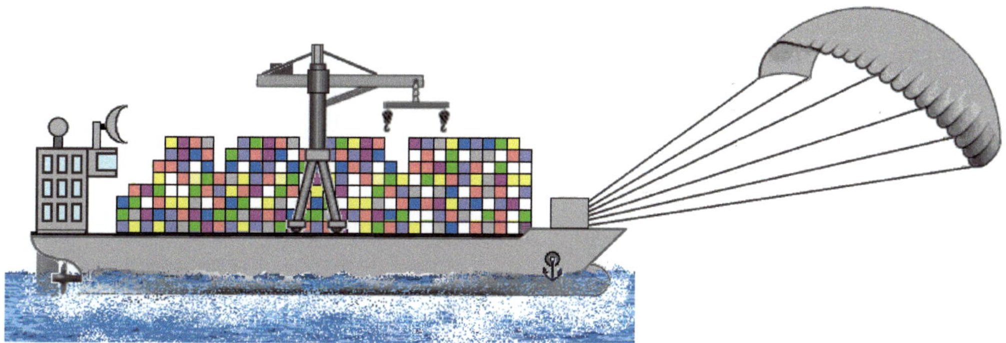

Bild 6.8 Frachtschiff mit Zugdrache

Anders als bei einer Anlage, wie zu Bild 6.5 beschrieben, wird der Zugdrache bei günstigem Wind aus einem am Schiffsbug vorhandenen Container ausgebracht und entfaltet sich sodann automatisch, sobald er seine Arbeitshöhe erreicht hat. Er verbleibt dort, solange die Windverhältnisse dies zulassen [127].

6.1.5 Ein Windrad ohne Rotor

Optisch nicht als „Windmühle", sondern als Turm wird die folgend beschriebene Entwicklung des Start-up-Unternehmens „Vortex Bladeless" wahrgenommen. Sie besteht aus einer zylindrischen Röhre, die im unteren Bereich die Generatoreinheit beherbergt. Oberhalb der Maschine befindet sich eine sich nach oben konisch erweiternde senkrecht stehende zylindrische Säule. An dieser vorbeiströmende Wirbelluft lässt dieses Bauteil vibrieren. Die Verwirbelungs-/Bewegungsenergie der hin und her schwingenden Säule wird als kinetische Energie auf einen darunterliegenden Magneten übertragen und von diesem über einen Generator in Strom umgewandelt [28]. Angedacht ist das Projekt „Vortex Gran" mit einer elektrischen Leistung von 1 MW bei einer Bauhöhe von 100 m. Von Vorteil gegenüber dem Windrad ist bei dieser Konstruktion, dass sowohl das von vielen Bürgern kritisierte Vogelsterben durch die rotierenden Flügel als auch der periodische Schattenwurf sowie störende Geräusche vermieden werden. Zurzeit existiert nach Wissen des Autors nur ein Prototyp dieses rotorlosen Windrades.

7 Wasserstofferzeugung und Speicherung

7.1 Wasserstofferzeugung

7.1.1 Elektrolyse-Wasserstofferzeugung u. a. mithilfe von Wind- oder Solarenergie

Vielfach kann der (erstrebenswert alternativ) mithilfe der Windenergie [WE] oder mittels der Solartechnik [ST] erzeugte Strom nicht, wie es wünschenswert wäre, unmittelbar in ein Stromnetz [StN] eingespeist werden. Stattdessen kann er zur Wasserelektrolyse nach **Bild 7.1** (Zerlegung von Wasser in sog. „grünen" Wasserstoff und Sauerstoff – im Prinzip mittels des Hofmannschen Wasserzersetzungsapparates) eingesetzt werden – zur Weiterverwendung/ Speicherung siehe Abschnitt 7.2.

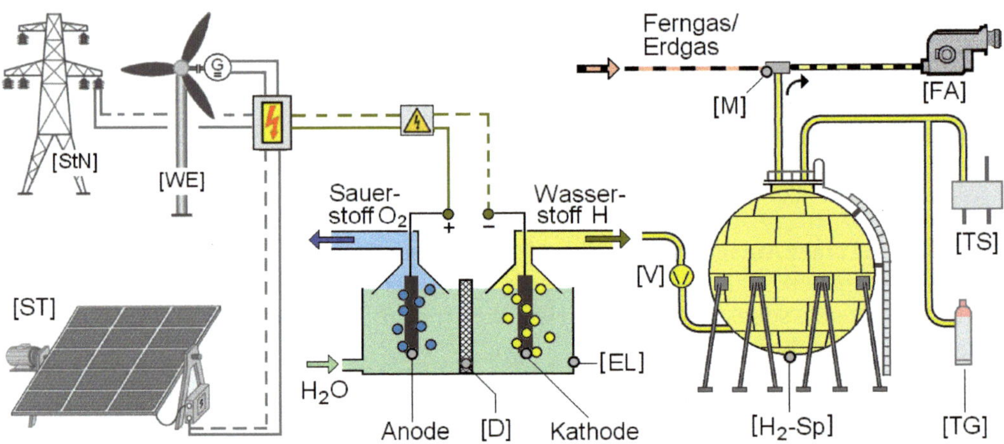

Bild 7.1 Wasserstoffgewinnung mittels Wasserelektrolyse

Bei der Wasserelektrolyse kommt ein mit einem leitfähigen Elektrolyten/Ionenleiter (Base, Säure) gefülltes Gefäß [Elektrolyseur – EL] zum Einsatz. In dem Gefäß befinden sich (zur Verstärkung der chemischen Vorgänge getrennt durch eine gasdichte, wasserdurchlässige Diaphragma-Membrane [D]) zwei Elektroden, die z. B. mit Überschussstrom (Gleichstrom) beaufschlagt werden. Der Umwandlungsprozess läuft in zwei Schritten ab (Formel 7.1 bis 7.3) [126] [175] – siehe auch (7.19):

Kathode: $4\,H_3O^+ + 4\,e^- \rightarrow 2\,H_2 + 4\,H_2O$ (7.1)

Anode: $6\,H_2O \rightarrow O_2 + 4\,H_3O^+ + 4\,e^-$ (7.2)

Gesamtreaktion: $4\,H_3O^+ + 4\,OH^- \rightarrow 2\,H_2 + O_2 + 6\,H_2O$ (7.3)

An der Anode werden also Elektronen abgegeben und von der Kathode wieder aufgenommen. In der Gesamtreaktion entstehen aus Energie und Wasser Wasserstoff und Sauerstoff. Der Wasserstoff wird verdichtet [V], in einem Wasserstoffspeicher [H_2-Sp] zwischengelagert und bei Bedarf zur Erhöhung des Energieinhaltes z. B. Ferngas/Erdgas beigemischt [M] und dient z. B. zur Versorgung der Feuerungsanlage(n) [FA] eines Gaskraftwerkes. Vor allem, da weder bei der Wasserzerlegung/Erzeugung der Gase H und O noch bei der Verbrennung von Wasserstoff das umweltschädigende CO_2 entsteht, gewinnt zum anderen dieses Verfahren zunehmend als Herstellungsverfahren von sog. EE-Gas, als Power-to-Gas bezeichnet, an Bedeutung. Darüber hinaus arbeitet auch die Industrie an Verfahren, fossile Brennstoffe durch Wasserstoff zu ersetzen. Rentabel (und nachhaltig!) ist dieses Vorhaben allerdings nur, wenn die Wasserstofferzeugung mithilfe alternativer Energien erfolgen kann (sog. „grüner Wasserstoff"). Der bei der Elektrolyse entstehende Sauerstoff wird meist in die Atmosphäre entlassen.

Entscheidend ist vor allem, dass bei der Zerlegung des Wassers keine Ressourcen verbraucht werden. Grob betrachtet wird bei der Verbrennung von Wasserstoff (H_2 + O_2 zu H_2O) genau jene Energie frei, die bei der Elektrolyse (Trennung von Wasser H_2O zu H und O_2/(7.19)) aufgewandt wurde. Treibhausgase werden nicht freigesetzt. Anzumerken bleibt, dass der Heizwert von Erdgas/Methan (bis 11,4 kWh/m^3) deutlich höher ist als jener von reinem Wasserstoff (3,0 kWh/m^3).

ⓘ *Ein **Elektrolyt** ist eine chemische Verbindung aus beweglichen Ionen, die in festem oder flüssigem Zustand vorliegt. Unter dem Einfluss eines elektrischen Feldes (also Anlegen einer elektrischen Spannung, folglich Stromdurchgang) wird ein Elektrolyt in entgegengesetzt geladene bewegliche Ionen gespalten (dissoziïert), d. h. in Anionen und Kationen zerlegt. Der Vorgang ist reversibel (umkehrbar) – ein Akkumulator z. B. nimmt beim Laden Energie auf und gibt diese beim Entladen ab. Gleiche Vorgänge spielen sich sowohl bei der Elektrolyse (z. B. die Erzeugung von Wasserstoff und Sauerstoff bei der Wasserelektrolyse) ab als auch bei der Galvanik (Veredeln von Gegenständen durch Beschichten mit einem metallischen Überzug – z. B. Verchromen als Schutz gegen Rosten)* [212].

ⓘ *Als **Anode** wird eine Elektrode bezeichnet, die z. B. bei der Elektrolyse Elektronen aufnimmt, an der also eine Oxidationsreaktion stattfindet. Demgegenüber ist die **Kathode** jene Elektrode, die Elektronen abgibt (Reduktion) – siehe aber auch Erläuterungen in Abschnitt 22.1.2.*

7.1.2 Wasserstofferzeugung mithilfe der Hochtemperatur-Dampf-Elektrolyse (SOEC-Zelle)

Wird die Wasser-Elektrolyse nicht durch Einleiten von Strom in einen Wasser-Elektrolyseur herbeigeführt, sondern wird z. B. bei Temperaturen weit oberhalb über 100 °C und Drücken von bis zu 200 bar [160] [162] mittels Abwärme erzeugter Wasserdampf statt Wasser in den Elektrolyseur geleitet, spricht man von Hochtemperatur-Wasserdampfelektrolyse (HTE). Infolge der von außen eingeleiteten Energie verringert sich die Bindungsenthalpie des Wassers (sprich Änderung des Aggregatzustandes und Minderung der Anziehungskräfte einzelner Moleküle/Atome) und damit vermindert sich der Energieaufwand zur Wasserspaltung.

Die gewonnene Energie entspricht der Verdampfungswärme $\underline{r}$ aus der Beziehung:

Gesamtenthalpie des Sattdampfes $\underline{h}''$ = Flüssigkeitswärme $\underline{h}'$ + $\underline{r}$

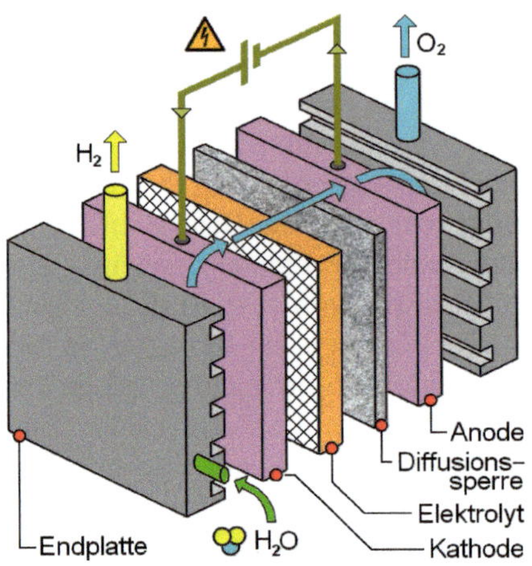

Bild 7.2 Hochtemperatur-Dampf-Elektrolyse (SOEC-Zelle)

Das Verfahren findet bei Temperaturen von bis zu 1 000 °C Anwendung. Als Elektrolyseur kommt keine Apparatur wie in Bild 7.1 dargestellt zum Einsatz, sondern eine in **Bild 7.2** schematisch dargestellte Festoxidzelle. Sie besteht aus den beiden porösen keramischen Elektroden Anode und Kathode, getrennt durch eine halbdurchlässige Membran (Elektrolyt). Die beiden Elektroden sind allseitig mit Katalysatormaterial beschichtet.

Bei einigen SOEC-Entwicklungen ist zwischen Anode und Elektrolyt, u. U. auch auf beiden Elektrolytseiten, noch eine Diffusionssperre (GDL) angeordnet. Sie darf nur für O_2-Ionen durchlässig sein. Die äußere Umhüllung der Zellen bildet eine Strömungs-(End-)platte. Aufgaben der Platte sind u. a. die Vergleichmäßigung der Gasströme, die Kühlung, die Verbindung der Zellenstapel (Stacks) und ihre Abdichtung nach außen.

In die SOEC-Zelle (Solid Oxide Elektrolysis Cell) wird Wasserdampf eingedüst. Sobald eine elektrische Spannung angelegt wird, erfolgt die Spaltung der Wassermoleküle als elektrolytische Redox-Reaktion (Erzeugung von H_2 und O_2) nach Formel 7.4 bis 7.6 – [165]:

Kathode: $$H_2O + 2\,e^- \rightarrow H_2 + O^{2-} \quad (7.4)$$

Anode: $$O^{2-} \rightarrow {}^1\!/\!_2\,O_2 + 2\,e^- \quad (7.5)$$

Gesamtreaktion: $$H_2O \rightarrow H_2 + {}^1\!/\!_2\,O_2 \quad (7.6)$$

7.1.3 Wasserstofferzeugung mithilfe des Dampfreformer-Verfahrens

Wasserstoff lässt sich nicht nur mithilfe der Elektrolyse, sondern auch mit anderen Verfahren unter Verwendung von kohlenstoffhaltigen Energieträgern wie Erdgas, Biogas oder Methanol herstellen. Bei einem in der Industrie verbreiteten Verfahren, dem sog. Dampfreformer-Verfahren, wird – wie in **Bild 7.3** dargestellt – aus Erdgas und Wasser in einem Reaktor ① bei hohen Temperaturen zunächst das Synthesegas, sog. „blauer" Wasserstoff, erzeugt – siehe Formel (7.7):

$$CH_4 + H_2O \rightarrow CO + 3\,H_2 \quad (7.7)$$

In einem zweiten Prozessschritt ② reagiert überschüssiges Erdgas mit Sauerstoff zu weiterem Wasserstoff und Kohlenmonoxid nach Formel (7.8) zu:

$$2\ CH_4 + O_2 \rightarrow 2\ CO + 4\ H_2 \qquad (7.8)$$

Dieses Gasgemisch wird schließlich in einem Katalysator ③ unter hoher Temperatur (mit Wasserdampf) zu Kohlendioxid und Wasserstoff umgewandelt (7.9):

$$CO + H_2O \rightarrow CO_2 + H_2 \qquad (7.9)$$

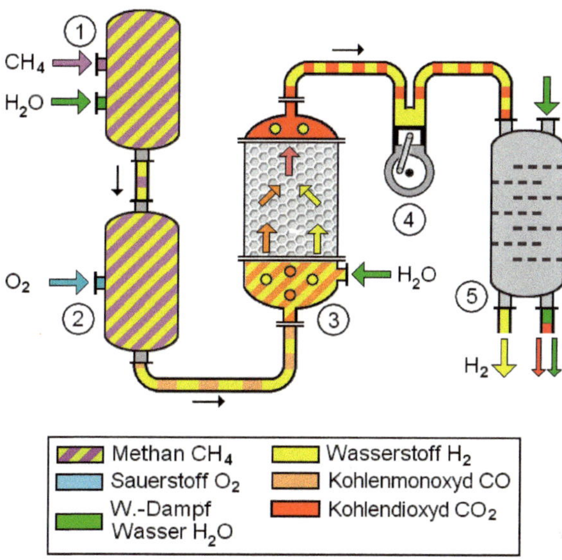

Bild 7.3 Wasserstofferzeugung mittels Dampfreformer

Abschließend wird das Produkt mithilfe eines Kompressors ④ unter hohem Druck in einem Abscheider ⑤ von störenden Inhaltsstoffen, u. a. von Wasser und Kohlendioxid, befreit. Der so gewonnene Wasserstoff [3] [110] kann per Fernleitung gasförmig zum Verbraucher transportiert werden. Hinsichtlich des Umgangs mit dem anfallenden CO_2 siehe Kapitel 9.

Bislang beschrieben wurde die Gewinnung von Wasserstoff z. B. als Kraftstoff zum Betrieb von Kraftfahrzeugen. Doch auch weitere Gase können hier eingesetzt werden. Dies sind insbesondere ein flüssiges Butan-/Propan-Gemisch (bekannt geworden unter dem Namen LPG – Liquified Petroleum Gas) sowie gasförmig im Fahrzeug gespeichertes Erdgas (CNG – Compressed Natural Gas).

Für eine weitgreifende Nutzung dieser Gase muss die Tankstellendichte allerdings verbessert werden. Bei den nachfolgend beschriebenen Verfahren (Abschnitt 7.3) dient Wasserstoff u. a. der Erzeugung von synthetischen Kraftstoffen.

ⓘ *Der (Oberflächen-)* ***Katalysator*** *ist ein Behältnis, in das metallische oder keramische und mit dem Katalysator-Werkstoff beschichtete Waben mit kleinen Kanälen eingebaut sind. Durch diese Bauweise soll eine möglichst große Reaktionsoberfläche geschaffen werden. Ziel des Katalyse-Verfahrens ist es, während des Durchströmens des Gefäßes in einem chemischen*

Prozess die Reaktionsgeschwindigkeit der beteiligten gasförmigen oder flüssigen Stoffe (Reaktanten) zu beschleunigen, ohne dass der Katalysatorwerkstoff selbst verändert wird. Der Werkstoff wird in Abstimmung mit den Ausgangsstoffen so gewählt, dass durch Minderung der Aktivierungsenergie dieser Stoffe nur die Reaktion abläuft, die zum gewünschten Endprodukt führt [159].

Auch das Verlangsamen der Reaktionsgeschwindigkeit/Erhöhen der Aktivierungsenergie (in der chemischen Industrie zum Verhindern allzu heftiger Reaktionen bis hin zur Explosion) ist durch entsprechende Wahl des Katalysatorwerkstoffes möglich.

ⓘ *Die **Aktivierungsenergie** ist jene Energie, die aufzuwenden ist, damit Atomstrukturen der Reaktanten umgebaut werden und sich in die Struktur des Endproduktes umwandeln können* [211].

7.1.4 Wasserstofferzeugung mithilfe der thermischen Wasserspaltung

Beim Verfahren der thermischen Wasserspaltung kommt eine chemische Redox-Reaktion zur Anwendung. **Bild 7.4** zeigt vereinfacht, wie eine Anlage zur thermischen Wasserstofferzeugung aussehen könnte.

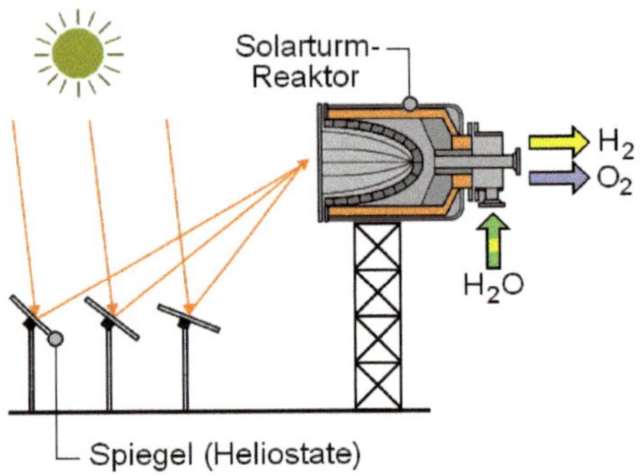

Bild 7.4 Wasserstofferzeugung mittels thermischer Wasserspaltung

Wie erkennbar wird das Sonnenlicht auf eine Vielzahl von Spiegeln gelenkt. Diese wiederum konzentrieren die Energie auf einen Reaktor. Anders als in Abschnitt 2.2.1 (Bild 2.3 – Solarturm-KW) beschrieben, wird die Sonnenenergie jedoch nicht genutzt, um z. B. eine Salzlösung zu erwärmen, die ihrerseits nach Energie-Umsetzung in einem Wärmetauscher eine Dampfturbine mit gekoppeltem Generator zur Stromerzeugung antreibt. Vielmehr wird beim Thermolyse-Verfahren eine chemische Verbindung – hier H_2O – durch thermische Einwirkung zerlegt. Wie der Hydrosol-Projekt-Beschreibung des Deutschen Zentrums für Luft- und Raumfahrt (DLR) [95] [139] zu entnehmen ist, wird Wasser mit hohen Temperaturen unmittelbar thermisch gespalten. In einem ersten Verfahrensschritt werden in einem auf einem Solarturm angeordneten Reaktor Redox-Metalloxide [RO] (z. B. Nickel-Ferrit oder Ceroxid) mithilfe der Sonnenenergie [ΔH_R] auf ca. 1 400 °C erhitzt. Diese Temperaturen führen zur chemischen Reduktion des Redox-Metalles unter Freisetzung des Sauerstoffes (O_2) – dieser wird ausgeschleust. Im zweiten Schritt wird Wasserdampf (H_2O) bei etwa 800 bis 1 000 °C durch den heißen Reaktor geleitet. Das im ersten Schritt seiner Sauerstoffmoleküle beraubte Redox-Material nimmt nunmehr den Sauerstoff aus dem aufgespaltenen Wasserdampf auf – das Material wird oxidiert. Der Sauerstoff wird im Metalloxid-Reaktor gebunden, der Wasserstoff (H_2) verlässt den Reaktor. Er kann verbraucht oder der Speicherung zugeführt werden. Der Kreisprozess ↻ ist abgeschlossen und kann zyklisch wiederholt werden.

Folgende Verfahrensschritte nach Formel (7.10/7.11) laufen ab:

1. Schritt → $RO_{2\,oxyd.} + \Delta H_R \xrightarrow{\sim 1\,400\,°C} RO_{red.} + 1/2\ O\ [\uparrow]$ (endotherm) (7.10)

2. Schritt ← $RO_{2\,oxyd.} + H_2\ [\downarrow] \xleftarrow{\sim 800\,°C} H{-}O{-}H + RO_{red.}$ (exotherm) (7.11)

Der Umgang mit Wasserstoff bedarf besonderer Sorgfalt. Immerhin hat Wasserstoff einen unteren Explosionspunkt von nur 4 Vol.-% (bei Kohlenmonoxid sind dies 30 Vol.-%) und brennt zwischen 4 und 75 %. H_2 verfügt über einen einfachen Aufbau – es ist das chemische Element mit der geringsten Atommasse. Das Gas enthält kein Neutron, sondern weist nur ein Proton und ein Elektron auf. Daher hat H_2 ein sehr hohes Diffusionsvermögen (Beweglichkeit von Teilchen durch den Porenraum anderer Stoffe), was zu Wasserstoffversprödung (Einlagerung von Wasserstoff in ein Metallgitter)/Korrosionsschäden bei Metallen und Undichtheiten an Behältern, Rohrleitungen und Armaturen führen kann.

7.2 Wasserstoffspeicherung

Die Bundesregierung strebt an, Wasserstoff zur Schlüsseltechnologie zu machen.

Voraussetzung hierfür ist natürlich, die sehr energiehungrige Wasserstofferzeugung durch die „kostenlosen" alternativen Energieträger Sonne und Wind sowie den unbegrenzt verfügbaren Rohstoff Wasser (für die Elektrolyse) zu bewerkstelligen. Die Umwandlung in Methan oder synthetische Kraftstoffe ist nicht weniger energieintensiv. Zudem muss die Wasserstofferzeugung zeitlich vom Wasserstoffverbrauch entkoppelt werden – das Stichwort hierzu heißt Wasserstoffspeicherung. Neben dem Einsatz als Treibstoff soll auch in der Industrie anstelle fossiler Brennstoffe Wasserstoff zum Einsatz kommen. So soll z. B. selbst bei der Eisen-/Stahlerzeugung nicht zum Verhüttungsprozess benötigter Koks durch H_2 ersetzt werden. Bislang wird eingesetzter Koks (C) im Hochofen sowohl als Brennstoff als auch zur Reduktion des Erzes (meist Oxide in der Form Fe_2O_3) zu Roheisen benötigt. Dieser Prozess könnte ablaufen nach der Formel (7.12) [128]:

$$Fe_2O_3 + 3\ C \rightarrow 2\ Fe + 3\ CO \quad (7.12)$$

CO wird unter Zugabe von Sauerstoff zu CO_2, generiert damit zwar die benötigte Schmelztemperatur, wird aber zum Klimakiller. Die für die Schmelzvorgänge im Hochofen erforderlichen Temperaturen sollen zukünftig nicht mehr durch für das Redox-Verfahren nicht benötigte Koks- und Kohlenmonoxid-Anteile erbracht werden. In einem ersten Versuch wird stattdessen der über die Blasdüsen im unteren Schachtbereich eingeblasene Kohlenstaub durch Wasserstoff ersetzt. Statt CO_2 wird nun Wasserdampf ausgestoßen nach der Reduktionsformel (7.13) [129]:

$$Fe_2O_3 + 3\ H_2 \rightarrow 2\ Fe + 3\ H_2O \quad (7.13)$$

7.2.1 Druckgasspeicherung

Sofern der erzeugte Wasserstoff nicht unmittelbar verbraucht werden kann, muss er gespeichert werden. Hier bieten sich einige Verfahren an. Bei kleineren Mengen ist die Druckgasspeicherung in Behältern von bis zu 800 bar vor allem bei Fahrzeugtanks möglich. Aus Gewichtsgründen kommen auch sog. Composit-Druckgasflaschen (Wickelbehälter mit einem Innenbehälter z. B. aus mit einer Polymerbeschichtung versehenem Aluminium für die Gasdichtheit und einem Faserharz-Außenmantel mit Betriebsdrücken von 200 bar und mehr) zum Einsatz. Müssen große Wasserstoffmengen gespeichert werden, bietet sich die Verflüssigung des Gases und Lagerung in isolierten Vakuumbehältern bei –240 °C und 13 bar an. Angewandt wird diese Methode z. B. bei Flüssiggastankstellen, aber auch zum Transport des Wasserstoffes auf Seeschiffen. Hier kommt die tiefkalte verflüssigte Lagerung als LNG (Liquefied Natural Gas) zum Einsatz. Erdgas (98 % Methan) wird bei Temperaturen ab –162 °C flüssig. Sein Volumen beträgt dann nur noch ein 600stel des Volumens von gasförmigem Erdgas – ein deutlicher Vorteil bei Transport und Lagerung. Erkauft wird dieser Vorteil allerdings mit hohen Energiekosten für die Verflüssigung bei gleichzeitiger Verdichtung des Gases, für den Transport, den Bau und (bedingt) Betrieb der Terminals und der Kryogen-Lagerstätten und (vor dem Verbrauch) für die Energie zur Umwandlung in den gasförmigen Zustand [164].

ⓘ *Als **LNG** wird ein auf –162 °C (Kondensations-/Verflüssigungstemperatur von Methan) bei atmosphärischem Druck verflüssigtes tiefkaltes Erdgas bezeichnet. LNG kommt nicht natürlich vor, sondern wird in technischen Verfahren aus einem wie auch immer gewonnenen Erdgas hergestellt. Infolge Verflüssigung/Verdichtung des Erdgases beträgt das Volumen von LNG nur noch ein 600stel des Gasvolumens. Vor seiner Verflüssigung werden z. B. mittels Wäscher, Filter und Abscheider dem Gas Verunreinigungen wie Wasser, Schwefelwasserstoff, Stickstoff und Kohlendioxid entzogen – diese Stoffe würden beim Herunterkühlen des Gases gefrieren. Dadurch ist der prozentuale Methananteil im Gas sehr hoch. Vor der Weiterleitung in ein Gas-Verbrauchsnetz muss das LNG in einer Entladestation, einem sog. „Terminal“ (Knotenpunkt zum Laden bzw. Entladen von Produkten), wieder in den gasförmigen Aggregatzustand überführt werden **(Regasifizierung)** – siehe schematisch **Bild 7.5**.*

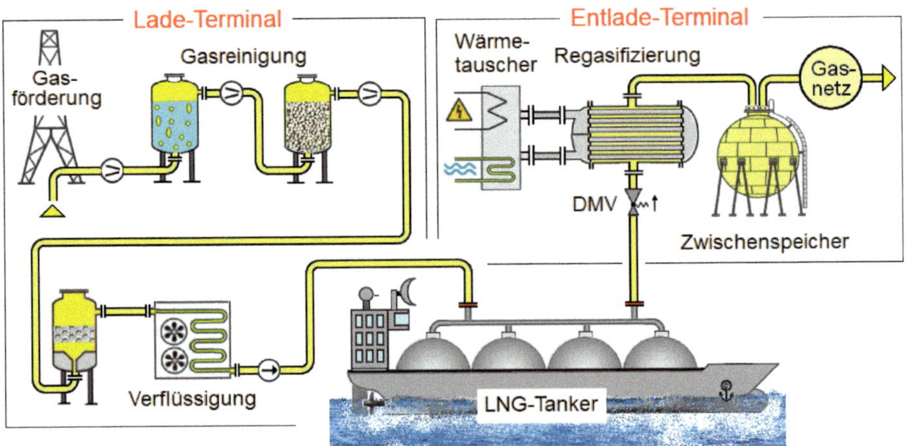

Bild 7.5 LNG-Terminal

Der Energieaufwand für die Regasifizierung ist sehr gering – ggf. kann sogar Luft oder das Hafenwasser im Bereich des Terminals als Energiequelle für die Verdampfung des LNG genutzt werden [197] –, die Siedetemperatur (Umkehr des Kondensationsvorganges) von CH_4 liegt ja, wie dargelegt, bei –162 °C. Der energetische Aufwand zur Verflüssigung ist allerdings recht hoch und beträgt je nach Anlage bis zu 25 % des Heizwertes [187]. Natürlich verbrennt das LNG-Gas (da ja Erdgas) unter CO_2-Abgabe, gilt aber bis 2045 als nachhaltig [163].

Problematisch ist trotz der Isolierung der Anlagen der Wärmeeinbruch/unerwünschte Anstieg des Gasdruckes in den Kryogenbehältern während des Transportes und der Lagerung. Zwecks Druckentlastung muss dem System das sog. „BOIL-Off-Gas" entnommen und abgefackelt bzw. rekondensiert werden.

***Übrigens:** Später sind die deutschen Terminals auch zur Übernahme von „grünem" Wasserstoff (Kondensations-/Siedepunkt –252 °C) vorbereitet.*

ⓘ *Bereits jetzt wird in ausgesuchten Gasnetzen dem Erdgas versuchsweise Wasserstoff beigemischt. Unterschiedlichen Quellen folgend [242] [243] könnten zwischen 10 % und 30 % H_2 beigemischt werden. Die Beimischung hätte mehrere Effekte. Zum einen würde der Heizwert bzw. Brennwert des Gasgemisches erhöht [242], zum anderen der CO_2-Ausstoß verringert – hier wird von ca. 7 % CO_2-Minderung bei einer H_2-Beimischung von 20 % gesprochen [241].*

ⓘ *Ein weit verbreitetes brennbares Gas ist **Propangas** (C_3H_8) [187]. Das Gas gehört zu den Kohlenwasserstoffen. Es wird durch thermische Behandlung von Erdöl oder Erdgas (Raffinierung) gewonnen und verflüssigt unter Druck gelagert. Als Gemisch mit Butan ist das Gas auch als **LPG** (Liquefied Petroleum Gas) bekannt und findet u. a. Anwendung als unter Druck gespeichertes flüssiges Autogas.*

7.2.2 Wasserstoff-Methanisierung

Eine der Möglichkeiten, Überschussenergie zu speichern, besteht in der chemischen Wasserstoffspeicherung. Genannt sei hier die Methanisierung des zuvor regenerativ gewonnenen Wasserstoffes – siehe **Bild 7.6**. Hierbei wird der mittels Windkraft oder Photovoltaik erzeugte, aber nicht zeitgleich verbrauchte Strom und der stattdessen mit seiner Hilfe im Wege der Elektrolyse gewonnene Wasserstoff nicht unmittelbar in das Erdgasnetz eingemischt, wie in Abschnitt 7.1.1 (Bild 7.1) beschrieben. Vielmehr wird durch die Reaktion von Wasserstoff entweder mit Kohlenstoffmonoxid nach der Formel (7.14) oder mit Kohlenstoffdioxid nach Formel (7.15) (Sabatier-Prozess) in einem Methanisier-Katalysator das synthetische Methangas CH_4 hergestellt.

Der Prozess ist reversibel (umkehrbar). Bei diesem exothermen Verfahren reagieren Kohlenstoffmonoxid oder Kohlenstoffdioxid bei Temperaturen zwischen 300 °C und 700 °C mit Wasserstoff zu Methan und Wasser [111] [173]. Folgende Prozesse laufen nach den Formeln (7.15/7.15) ab:

$$CO + 3\,H_2 \rightarrow CH_4 + H_2O \quad (7.14)$$

oder

$$CO_2 + 4\,H_2 \rightarrow CH_4 + 2\,H_2O \quad (7.15)$$

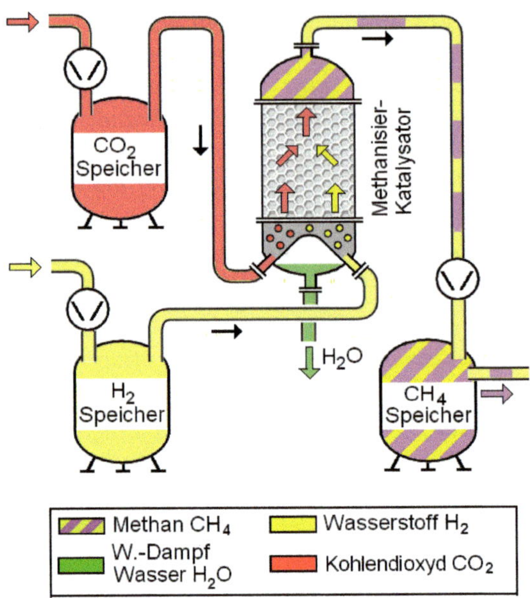

Bild 7.6 Wasserstoff-Methanisierung

Anstelle der Speicherung kann das Methan (CH_4) auch z. B. als Heizgas verwendet werden. Kohlendioxid fällt im mit fossilen Brennstoffen betriebenen Kraftwerk, aber auch bei der Biogaserzeugung an (das hier anfallende Methan unterstützt den Prozess der Methanisierung). Letztlich steht CO_2 als schädlicher Bestandteil der Atmosphäre ohnehin zur Verfügung, muss dann allerdings noch abgeschieden werden. Das im Rauchgas oder in der Atmosphäre enthaltene CO_2 kann u. a. mithilfe eines Wäschers entfernt werden, indem die CO_2-belastete Luft bzw. das Rauchgas durch eine Flüssigkeit (z. B. Natriumhydroxid) gedrückt wird, die mit dem CO_2 reagiert. Aus der entstandenen Lösung wird das CO_2 gasförmig ausgeschieden – siehe Kapitel 9.

ⓘ *Unter **Synthese** versteht man den Aufbau von Verbindungen aus einzelnen Elementen. Als Synthesegas z. B. wird das Gemisch aus Kohlenmonoxid und Wasserstoff definiert, wobei die prozentuale Zusammensetzung des Gases je nach Verwendungszweck variieren kann. Die Reaktionen finden in einem Mischgefäß (möglichst nur einem! – sog. Eintopf-Verfahren) statt – die einzelnen Komponenten werden durch Kühlen, Erhitzen oder Rühren zur Reaktion gebracht.*

7.2.3 Chemisch gebundene Wasserstoffspeicherung

Bei diesem Verfahren (Liquid Organic Hydrogen Carrier [LOHC]) wird Wasserstoff in einem Katalysator an einen flüssigen organischen Träger angelagert (hydriert) und bei ca. 200 °C und bis zu 50 bar mit diesem chemisch verbunden. Zur Freisetzung wird die bei der Anlagerung entstandene Verbindung wieder getrennt (dehydriert), wobei wieder der gasförmige Wasserstoff und der Träger entstehen. Träger sind z. B. Methanol (CH_3OH oder CH_4O) oder Toluol (C_7H_8). Die freiwerdende Wärme kann zu Heizzwecken genutzt werden [64].

7.2.4 Chemisch gebundene Wasserstoffspeicherung als Ammoniak

Wasserstoff als Schlüsseltechnologie bedingt auch die Speicherung der Energie. Eine der Möglichkeiten ist die Umwandlung des Wasserstoffes (der ja gespeichert werden soll) in Ammoniak, eine chemische Verbindung von Stickstoff und Wasserstoff. Die chemische Summenformel lautet NH_3. Ammoniak liegt bei Raumtemperatur als Gas vor, kann aber bei Abkühlung auf −33 °C/Verdichtung auf ca. 9 bar verflüssigt werden. Somit ist die Lagerung bzw. der Transport in Kryogen- oder Druckbehältern möglich. Grünes Ammoniak wird synthetisch aus einem Gemisch aus Luft-Stickstoff und alternativ gewonnenem (damit CO_2-freien) Wasserstoff hergestellt. Die Herstellung erfolgt nach dem Haber-Bosch-Verfahren bei ca. 200 bar/ca. 450 °C mittels eines Aluminiumoxid-Mehrschicht-Katalysators ① (Al_2O_3 – [159]) – siehe schematisch **Bild 7.7** [201].

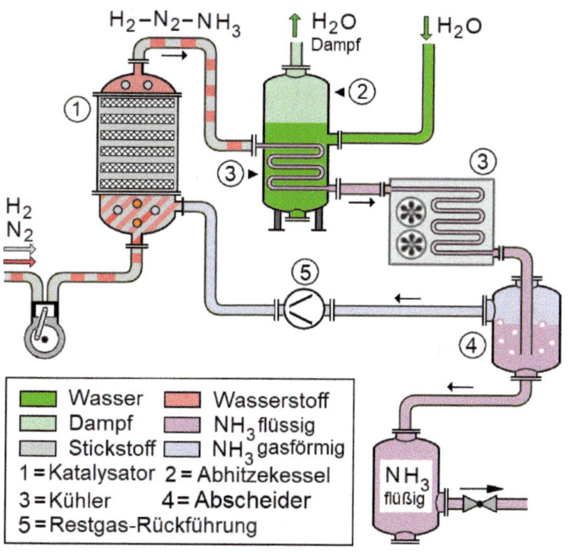

Bild 7.7 Ammoniak-Herstellung

Die Erzeugung von Ammoniak läuft ab nach der Reaktionsformel (7.16) [166]:

$$N_2 + 3\,H_2 \leftrightarrows 2\,NH_3 + \Delta H \quad \text{(exotherm)} \tag{7.16}$$

Der Prozess ist umkehrbar. Durch Beheizen des Synthesegases (auch Formiergas genannt) auf über 700 °C können in Anwesenheit eines Katalysators Stickstoff und Wasserstoff wieder getrennt (regasifiziert) werden.

Es bleibt zu prüfen, ob es wirtschaftlicher ist, den in den „Sonnenstaaten“ mittels Photovoltaik und Elektrolyse gewonnenen Wasserstoff als Ammoniak (Kondensations-/Siedepunkt −33 °C) zu transportieren, anstatt ihn als reinen Wasserstoff tiefkalt (−259 °C) zu verflüssigen und am Einsatzort zu regasifizieren – hinsichtlich der Besonderheiten des Elementes „Wasserstoff“ siehe Abschnitt 7.1.4.

ⓘ ***Ammoniak*** *(NH_3) ist eine Stickstoffverbindung, die natürlich als Harnstoff bei der Tierhaltung (Mist, Gülle) als auch beim Ackerbau (Dünger mit der Gefahr der Nitratbildung und Schädigung des Grundwassers) entsteht, aber auch synthetisch nach der Formel (7.16) hergestellt werden kann. In Verbindung mit Wasser ist es dem Leser sicher als* ***Salmiakgeist*** *bekannt. Die Formel zeigt, dass die synthetische Herstellung auch genutzt werden kann, um Ammoniak nicht nur als Grundstoff in der chemischen Industrie, sondern auch vorübergehend als Wasserstoffspeicher einzusetzen. Der Umgang mit Ammoniak bedarf äußerster Vorsicht – es besteht Brand- und Explosionsgefahr. Zudem ist das Gas ätzend, giftig und schadet u. a. den Atemorganen.*

7.2.5 Wasserstoffspeicherung als Pulver

Ein neues Verfahren zur Speicherung des Wasserstoffgases steckt noch im Entwicklungsstadium. Abweichend von den bisherigen Verfahren zur Speicherung wird das Gas in Pulverform gespeichert. Dazu wird das Gas unter Anwendung einer gemeinsamen Reaktion von Mechanik und Chemie (als Mechanochemie bezeichnet) in einem Mischreaktor an Bornitratpulver-Kügelchen angelagert/von diesen absorbiert. Bor ist hier besonders geeignet, da die Atome eine besonders große Oberfläche aufweisen. Zur Freisetzung des Wasserstoffes muss das Pulver lediglich erhitzt werden [179].

7.3 Erzeugung von Biogas/synthetischem Kraftstoff

7.3.1 Erzeugung von synthetischem Kraftstoff mittels Wasserstoff und CO_2

Eine Weiterentwicklung der Methanisierung ist die Erzeugung von synthetischem Kraftstoff (auch als „Designer-Kraftstoff" oder als eFuel bezeichnet) (**Bild 7.8**).

Bereits bekannt ist die erprobte Wasserstofferzeugung mittels vorbeschriebener Elektrolyse. Die Stromerzeugung erfolgt alternativ mithilfe der Windenergie, der Wasserkraft oder der Solartechnik. Der benötigte Rohstoff Wasser ist in ausreichender Menge und nachhaltig verfügbar.

Neu ist die Gewinnung des Kohlendioxides. Von allen beklagt, befindet sich CO_2 im Übermaß in unserer Atmosphäre. Kohlendioxid entsteht bei Verbrennungsprozessen oder industriellen Produktionsabläufen (übrigens auch durch den menschlichen Atem) und gelangt unkontrolliert in die Atmosphäre. Die Aufgabe besteht darin, dieses Gas aus der Umgebungsluft zu extrahieren. Der Prozess erfordert eine Menge Energie. Diese wird in einem ersten Schritt wie zuvor beschrieben bzw. in etwa wie in Bild 7.1 (Elektrolyse) dargestellt alternativ erzeugt. Mehrere Firmen arbeiten an Lösungen, um das leider nahezu unbegrenzt in der Luft vorhandene CO_2 herauszufiltern. Bei der Firma Climeworks [22] erfolgt die Gewinnung mithilfe des Direct-Air-Capture-Prozesses DAC (air capture = Luft einfangen). Hierbei wird die Luft mithilfe großer Ventilatoren in Kollektoren hineingezogen. In diesen wird das CO_2 mithilfe von chemischen Bindemitteln aus der Luft herausgefiltert. Die CO_2-freie Luft gelangt zurück in die Atmosphäre. Alternativ kann CO_2 auch aus natürlichen CO_2-Quellen (z. B. Vulkangas) entnommen und in einem Tank zwischengelagert werden.

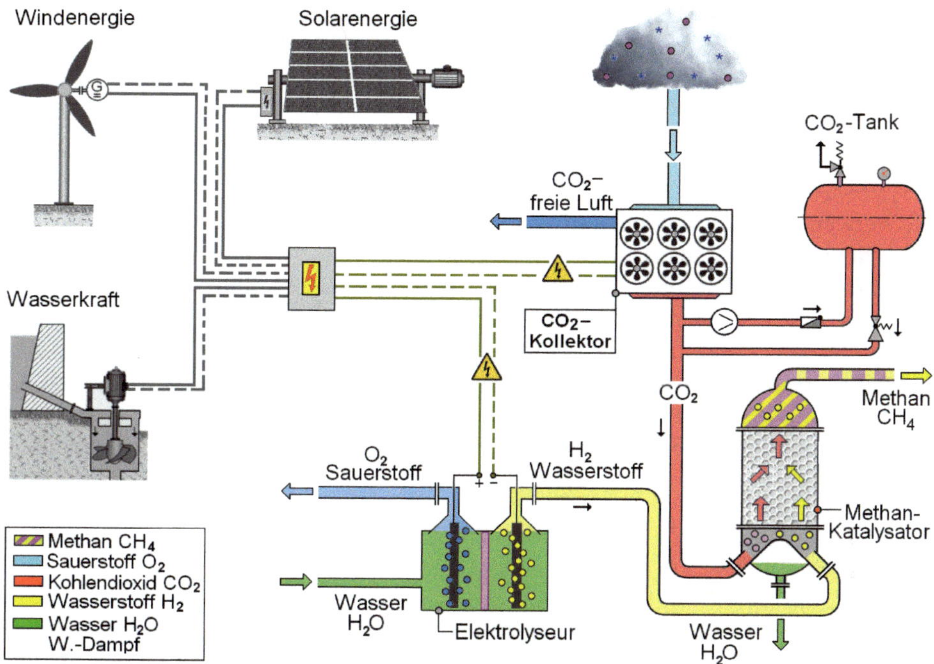

Bild 7.8 Erzeugung von synthetischem Kraftstoff mittels Wasserstoff und CO_2 - DAC-Verfahren

Die Reaktion kann zweistufig etwa nach den Formeln (7.17) und (7.18) ablaufen [130] [131] [140] [159]:

$$H_2 + CO_2 \rightarrow CO + H_2O \qquad (7.17)$$

$$CO + 3\,H_2 \rightarrow CH_4 + H_2O \qquad (7.18)$$

Das mithilfe des DAC-Verfahrens gewonnene CO_2 kann zur Erzeugung von synthetischem Methan eingesetzt werden. Dieses Methan kann durch Nachbehandlung Eigenschaften als Benzin-, Flugbenzin- oder Diesel-Treibstoff erhalten. Wird auch der Wasserstoff mithilfe von Ökostrom gewonnen („grüner“ Strom mittels Elektrolyse (7.19) – siehe auch Abschnitt 7.1), spricht man von im Power-to-X-Verfahren erzeugten eFuels-Kraftstoffen [175]:

$$2\,H_2O \xrightarrow{\text{Elektrolyse}} 2\,H_2 + O_2 \qquad (7.19)$$

Mit diesem sog. Designer-Kraftstoff könnte, da er ohne fossile Bestandteile auskommt, der konventionelle Verbrennermotor ohne nennenswerte klimaschädliche Einschränkungen weiterbetrieben werden. Zudem könnte das bestehende Tankstellennetz unverändert erhalten bleiben – eine aufwändige Änderung der Infrastruktur könnte entfallen.

Nicht unerwähnt bleiben darf natürlich, dass das aus der Atmosphäre herausgefilterte CO_2 im Zuge der späteren Verbrennung des Kraftstoffes wieder in die Atmosphäre entlassen wird – der Gesamtvorgang wird zutreffend „nur“ als neutral bezeichnet. Immerhin entsteht, da kein fossiler Rohstoff zum Einsatz kommt, kein neues CO_2, sondern es findet ein CO_2-Kreislauf statt.

Folgt man der Wissenschaft, so wird der Einsatz von Wasserstoff die zukünftige Schlüsseltechnologie für Industrie und Verkehr (auf der Straße, auf der Schiene, auf dem Wasser und in der Luft) werden. Voraussetzung ist die ökologische/alternative Erzeugung der Rohstoffe Wasserstoff/Methan und CO_2 [112] [115].

Bild 7.8 zeigt beispielhaft, wie eine Anlage zur Herstellung von synthetischem Kraftstoff mittels Wasserstoff/CO_2-Synthese (DAC-Verfahren) gestaltet sein könnte.

Ist die Verwendung des aus der Luft entnommenen Kohlendioxids (z. B. zur Herstellung von Sprudelwasser oder als „Dünger" in Gewächshäusern → Photosynthese) nicht geplant, kann es in Wasser gelöst und mit hohem Druck in bis zu 2000 Meter Tiefe in vulkanisches Basaltgestein verpresst werden (CCS-Verfahren). Im Einzelfall reagiert das Kohlendioxid mit im Basalt enthaltenem Kalzium, Magnesium und Eisen. Im Laufe von zwei Jahren wandelt sich das Gas zu Kalk in den porösen Hohlräumen des Gesteins um – es wird mineralisiert [191]. Bedeutung könnte das Verfahren auch zur nachhaltigen Entsorgung von CO_2 in mit fossilen Brennstoffen beheizten Kraftwerken gewinnen [218] – siehe auch Kapitel 9.

7.3.2 Erzeugung von synthetischem Kraftstoff mittels Biomasse-Verflüssigung – bioliq®-Verfahren

Das in Abschnitt 7.3.1 beschriebene Verfahren zur Erzeugung von synthetischem Kraftstoff basiert auf der Erzeugung des Kraftstoffes mithilfe von Wasserstoff und Kohlendioxid – das in Abschnitt 7.3.3 beschriebene Verfahren stellt die Biogaserzeugung mittels Biomasse-Vergärung dar. Im **Bild 7.9** hingegen wird die Biogasherstellung, im nächsten Schritt Kraftstofferzeugung mittels Biomasse-Verflüssigung, anhand eines vom Karlsruher Institut für Technologie (KIT) entwickelten Verfahrens, des sog. „bioliq®-Prozesses", vereinfacht dargestellt [5].

Zunächst wird die Biomasse (Holzspäne, Stroh u. Ä.) ① in einem Häcksler ② zerkleinert und der Pyrolyse ③ (Verflüssigung der Masse bei ca. 500 °C unter Luftabschluss) unterzogen. Sodann wird diese Masse (jetzt je nach Konsistenz und Zusammensetzung auch Slurry oder Synclude genannt) bei Temperaturen von bis zu 1200 °C und bis zu 80 bar in einem feuerfest ausgekleideten Flugstrom-Vergaser ④ thermisch und chemisch aufgespalten. Bei diesem Vorgang entstehen sowohl Kohlenmonoxid als auch Wasserstoff. Die Schlacke ⑤ wird ausgeschleust. Das erzeugte Rohgas wird in einem dritten Schritt mittels Abscheider ⑥ der Heißgasreinigung unterzogen. Hier werden die unerwünschten Stör- und Schadstoffe Staub, CO_2 und Chlor, Schwefel sowie Stickstoffverbindungen abgetrennt oder abgebaut. Das nach der Reinigung nun saubere Rohgas, jetzt als Synthesegas bezeichnet, wird anschließend in einem katalytischen Prozessor ⑦ in DME (Dimethylether) umgewandelt. Die DME-Gasmoleküle werden in einem vierten Schritt im Reaktor ⑧ in flüssiges Benzin umgewandelt, das abschließend noch destilliert werden muss ⑨.

Laut KIT können die nach dem bioliq®-Konzept hergestellten Kraftstoffe sowohl als Benzin als auch als Dieselkraftstoff konfektioniert werden.

ⓘ ***Dimethylether** (DME – C_2H_6O) wird aus Synthesegas (ein Gemisch aus Kohlenmonoxid und Wasserstoff) gewonnen. Dieses wiederum entsteht u. a. bei der Biomasse-Verflüssigung (s. o). Sodann entsteht in einem zweistufigen katalytischen Prozess aus diesem Gas zunächst Methanol (CH_3OH oder CH_4O), dann DME. Ein möglicher Prozessablauf zur Herstellung des Bio-Kraftstoffes kann sich wie folgt darstellen* [132] [136]:

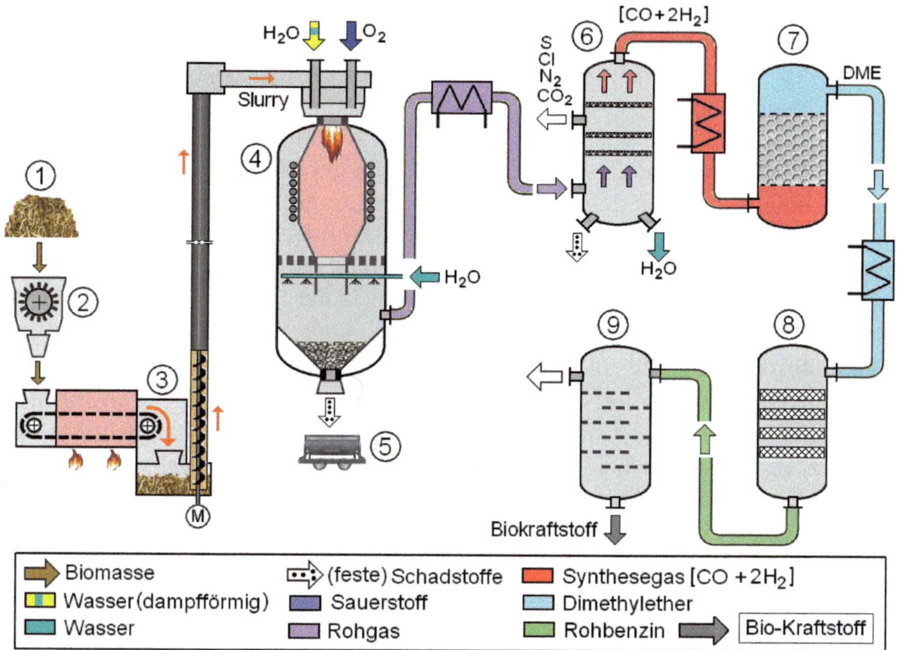

Bild 7.9 Erzeugung von synthetischem Kraftstoff mittels Biomasse-Verflüssigung – Prinzipbild

Synthesegas → Methanol → Dimethylether (DME)

$$CO + 2\,H_2 \rightarrow 2\,CH_3OH + \Delta H \rightarrow CH_3\text{-}O\text{-}CH_3\ [\triangleq C_2H_6O] + H_2O \qquad (7.20)$$

7.3.3 Biogaserzeugung mittels Vergärung/Fermentierung

Die Erzeugung von Biogas kann nicht nur mittels thermischer Verflüssigung von Biomasse (Abschnitt 7.3.2), sondern auch durch chemische Vergärung (Fermentierung = Gärung unter Luftabschluss) erfolgen. Die Erzeugung erfolgt ggf. mehrstufig – abhängig von den Stoffwechselabläufen jeweils unterschiedlicher Mikroorganismen. Zum einen werden polymere Bestandteile wie Zellulose und Proteine zu niedermolekularen Stoffen gewandelt. Sodann werden diese in Gärprozessen u. a. zu organischen Säuren, Alkohol und Kohlendioxid (CO_2) umgebaut. Erstere bilden Essigsäure und Wasserstoff. CO_2, H_2 und Essigsäure reagieren abschließend zu Methan (CH_4) und Wasser. Die Erzeugung kann zum einen mithilfe der Trocken-Fermentierung erfolgen.

Dieser Prozess entspricht dann in etwa der Kompostierung – die Biomasse ist im Wesentlichen fest. In großem Stil ist dies die Mülldeponie. Das entstehende Biogas wird hier mithilfe von in die Deponie eingebauten Drainage-Einrichtungen (z. B. Filterschicht mit eingebetteten Entgasungsrohren/Gasbrunnen) abgesaugt. Die Gaserzeugung in einer Mülldeponie hängt stark von der Güte der eingelagerten (biologisch abbaubaren) Abfälle, der Lagerzeit und dem Alter der Deponie ab und kommt – je nach der Abfallmenge – nach geraumer Zeit (das können auch 15 Jahre und mehr sein) zum Erliegen.

Diese Parameter beeinflussen natürlich auch die Qualität des erzeugten Biogases. Zu Beginn der Einlagerung der Abfälle ist die Methanausbeute, folglich der Gasdruck, sehr gering. Mit den Abfällen ist Luftsauerstoff in die Deponie gelangt, zusätzlich dringt Sauerstoff wegen des noch fehlenden Gasdruckes von außen in die Deponie ein (Gefahr der Selbstzündung!). Während dieser Zeitspanne werden die organischen Abfälle durch den Sauerstoff aerob in CO_2 und Wasser umgewandelt. Erst nach Ablauf einiger Monate beginnt die angestrebte kontinuierliche anaerobe Methangasgärung (Gärung ohne Sauerstoff) und Entnahme des Gases aus der Deponie. Gegen Ende der Deponie-Aktivitäten kann sich wiederum ein der zuvor beschriebenen aeroben Gärung ähnlicher Zustand einstellen. Da die CH_4-Bildung mit der Zeit zur Neige geht, sinken die Druckverhältnisse in der Halde ab – ein stetiger Methangasstrom kommt nicht mehr zustande – die Gasbildungsrate und die Gasförderrate sind nicht mehr im Gleichgewicht – Luftsauerstoff kann in die Halde eindringen.

Bei unmittelbarem Einsatz dieses Methangases in Minderqualität als Brennstoff (Gasfeuerung) kann das bedeuten, dass dem CH_4-Gas zur Verbesserung der Zündwilligkeit und des Heizwertes z. B. Flüssiggas beigemischt werden muss. Gegebenenfalls muss ein Zünd-/Stützbrenner vorgesehen werden. Möglich ist auch der Einsatz des gereinigten Gases als Kraftstoff im Gasmotor mit gekoppeltem Generator zur Stromerzeugung. Auch hier ist ggf. die Zumischung von Propangas zur Verbesserung der Zündwilligkeit nötig. Die entstehende Abwärme sowie die Kühlwässer können im Blockheizkraftwerk z. B. zur Versorgung eines Fernwärmenetzes eingesetzt werden.

ⓘ *Unter **Blockheizkraftwerk** (BHKW) ist ein kleines Kraftwerk zu verstehen, das mithilfe eines Gas- oder Dieselmotors mit angeschlossenem Generator Strom erzeugt. Die Abwärme wird zum Betrieb eines Nahbereichs-Fernwärmenetzes genutzt.*

Eine andere Art der Biogaserzeugung stellt die Nass-Vergärung dar. Den Aufbau einer solchen Anlage zeigt schematisch **Bild 7.10**.

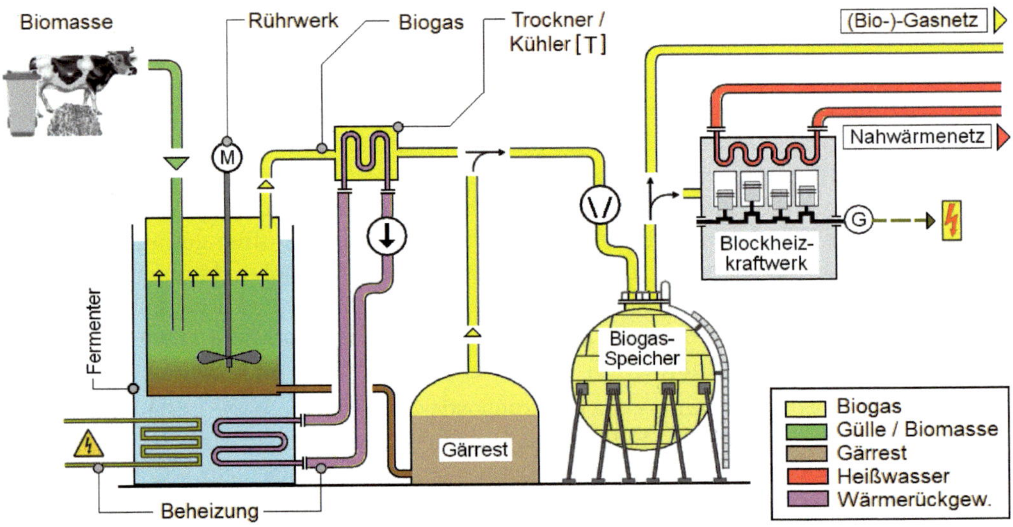

Bild 7.10 Biogasanlage mit Nassfermentierung

Bei diesem Verfahren muss das Substrat fließ-/rührfähig sein. Biogas entsteht durch Vergärung organischer Abfälle bzw. ausdrücklich zum Zweck der Vergärung von angebauten energiereichen Pflanzen (erstrebenswert ist nachhaltiger Anbau – Schlagwort ist die „konkurrierende Nutzung" landwirtschaftlicher Flächen). Verantwortlich für die Vergärung sind überwiegend Stoffwechselvorgänge mithilfe von Mikroorganismen. Biomasse-Rohstoffe (Substrate) sind überwiegend Gülle, Maissilage, Zuckerrübenschnitzel, Getreideschlempe (Abfallprodukt der Branntwein-/Bierherstellung) oder Klärschlämme. Bei der Vergärung werden (unter Luftsauerstoffabschluss/anaerob) Kohlenhydrate, Fette und Eiweiß umgewandelt zu Methan (CH_4) und Kohlenstoffdioxid (CO_2). Der Anteil an CH_4 im Gas kann je nach Einsatzstoff (Substrat) bis zu 75 % betragen, an CO_2 sind bis zu 55 % vorhanden. Weitere Stoffe können, wie in **Bild 7.11** [1] tabellarisch aufgeführt, im ungereinigten Biogas vorhanden sein.

Stoff	Vol.-%
Methan (CH_4)	40-75
Kohlendioxid (CO_2)	25-55
Wasser/Dampf (H_2O)	bis 10
Stickstoff (N_2)	bis 5
Sauerstoff (O_2)	bis 2
Wasserstoff (H_2)	bis 10
Ammoniak (NH_3)	bis 10
Schwefelwasserstoff (H_2S) 20-20.000 ppm	bis 0,5
Thiole (niedrig siedende Alkoholverbindungen)	
Stäube	

Bild 7.11 Biomassezusammensetzung

Stäube werden u. a. bei Deponiegas (Trockenfermentierung) vorgefunden. Die CO_2-Bilanz ist – sieht man vom CO_2-Aufkommen bei der Bearbeitung der Ackerflächen, dem Säen, Düngen und Ernten einmal ab – bei Biogas nahezu neutral. Freigesetzt wird im Wesentlichen jener CO_2-Anteil, der zuvor von den Pflanzen für ihr Wachstum verbraucht wurde. Die mögliche Verwendung des Biogases wurde besprochen. Ungeachtet dessen muss für die meisten Anwendungen dieser CO_2-Anteil durch geeignete Maßnahmen (z. B. Gaswäsche oder Aktivkohleadsorption) gemindert werden.

Die Gewinnung des brennbaren Gases Methan ist das Ziel beim Betrieb einer Biogasanlage – nachteilig ist aus Sicht des Umweltschutzes allerdings der Treibhauseffekt von CH_4. Dieser liegt bei Methan 25-fach höher als bei CO_2 – siehe Bild 11.1 nebst Erläuterung. Daher ist bei der Verwendung von Biogasen durch geeignete Maßnahmen auf die Vermeidung schädlicher Umweltbelastung zu achten. Ist die Einspeisung des Biogases in ein Erdgasnetz vorgesehen, muss dem Gas u. a. zur Vermeidung von Korrosionen in einem Trockner [T] die Feuchte entzogen werden. Zudem ist das Gas zu entschwefeln. Insbesondere bei Deponie- oder Klärgasen können weitere Reinigungsmaßnahmen notwendig sein.

7.4 Erzeugung von synthetischem Kraftstoff aus Kohle unter Anwendung der Kohleverflüssigung

Zur Abrundung des Themenbereiches „Synthesekraftstoffe" wird das **Fischer-Tropsch-Verfahren** [FT] [96] beschrieben. Das Verfahren ist Basis für fast alle Syntheseverfahren. Seinen Anfang hat das klassische FT-Verfahren zur indirekten Verflüssigung von Kohle (= Kohlehydrierung) genommen. Der Vorgang des Hydrierens stellt bei allen geschilderten Verfahren zwingend das Vorhandensein von wie auch immer gewonnenem Wasserstoff zwecks Anlagerung an andere chemische Elemente oder Verbindungen dar. Beim FT-Verfahren wird zunächst bei Temperaturen von 1 000 °C und mehr Kohle mit Wasserdampf und Luft (meist in einem Flugstrom-Vergaser) in ein Synthese-Rohgas überführt. Um die CO_2-Bildung möglichst gering zu halten, muss der Prozess unter Sauerstoffmangel ablaufen. Im nächsten Schritt werden NO_X (Stickstoffdioxid) und SO_2 (Schwefeldioxid) aus dem Gas entfernt. Dieses wird dann katalytisch zu Kohlenwasserstoff und Wasserdampf umgewandelt. Das gereinigte Gas ist Grundprodukt zur Herstellung von synthetischen Kraftstoffen, Kohlenwasserstoffen und anderen Nebenprodukten, z. B. Ethanol oder Aceton. Die Kohleverflüssigung wurde trotz der hohen Produktionskosten im 2. Weltkrieg in Deutschland zur Deckung des Treibstoff-Bedarfes eingesetzt – Kohle war seinerzeit im Überfluss vorhanden.

Zu beachten ist, dass bei diesem Verfahren keine nachhaltig erzeugten/alternativen Energieträger zum Einsatz kamen. Zudem werden – folgt man der Literatur – bereits bei der Produktion erhebliche und klimaschädliche Mengen an CO_2 freigesetzt. Das Fischer-Tropsch-Verfahren wird auch heute noch vornehmlich zur Erzeugung von Grundprodukten für die chemische Industrie angewandt.

Während das indirekte FT-Verfahren Synthesegas (ein Gemisch aus CO und H_2) zum Aufbau von Kohlenwasserstoffen nutzt, bedient sich das hier nicht näher beschriebene **Bergius-Pier-Verfahren** der direkten Hydrierung z. B. von Kohle zur Erzeugung von Gasen und Kraftstoffen. Der dazu notwendige Wasserstoff wurde durch die Kohlevergasung gewonnen.

8 Erdgas-/Methangas-Gewinnung, Speicherung und Verbrennung

ⓘ ***Erdgas*** *ist ein Gemisch aus Methan (CH_4) mit geringen Anteilen an Ethan (C_2H_6), Propan (C_3H_8) und Butan (C_4H_{10}) sowie Verunreinigungen wie Wasser, Kohlendioxid oder Stickstoff. Zur Verbrennung des Gases siehe (11.1)* [209].

Erdgas kann vielfältig gewonnen werden. Beschrieben wurden Verfahren, bei denen mittels Methanisier-Katalysator durch Elektrolyse gewonnener Wasserstoff mit CO_2 oder CO zu Methan gewandelt wird (7.14/7.15). Auch beschrieben wurde die biologische Methanisierung mittels Biogasanlagen. Hier entsteht durch natürliche Fäulnisprozesse wie in Sümpfen, Mooren oder Mülldeponien Methangas. Des Weiteren kann Methangas aus natürlichen unterirdischen Lagerstätten, sog. Porenspeichern, gewonnen werden. In den Hohlräumen dieses porösen Gesteines werden Erdgasvorkommen beherbergt, andernorts kann eingespeistes Gas gespeichert werden. Weil das Erdgas in großer Tiefe unter hohem Druck steht, strömt es zumeist mit eigener Energie durch das Bohrloch nach oben. Andernfalls wird es durch Saugpumpen nach oben gefördert. Nicht unerwähnt bleiben darf die Gewinnung von Erdgas mittels des umstrittenen Fracking-Verfahrens.

Folgt man Berichten des BVEG vom 18.4.2023, ist die Förderung von Erdgas in Deutschland von 5,2 Mio im Jahr 2021 auf 4,8 Mio im Jahr 2022 zurückgegangen. Diese Gasmenge entspricht etwa 5,5 % des gesamten Gasbedarfes in Deutschland [228]. Aufgrund dieser Daten wird der Ruf nach Zulassung der Gasförderung mittels Fracking in Deutschland lauter.

ⓘ *Der Vorgang der „hydraulischen Fraktorierung“ (Aufbrechen von Gestein unter Zuhilfenahme von [hier] Wasser) ist besser bekannt unter dem Begriff* ***„Fracking“****. Mit diesem Verfahren sollen Risse in tiefen, nicht konventionellen Lagerstättengesteinen erzeugt und so die Durchlässigkeit z. B. für Erdgas herbeigeführt werden* – **Bild 8.1**.

Beim Fracking wird unter hohem Druck (durchaus bis 1 000 bar) durch eine Bohrung Wasser (Fracking-Fluide) in das gashaltige Gestein in Tiefen zwischen 3 000 und 5 000 m gepresst. Dem Fluid werden u. U. Quarzsand und verschiedene Chemikalien beigefügt. Das freigesetzte Gas wird über mehrere Bohrungen an die Oberfläche gefördert. Das Verfahren ist umstritten, weil u. U. die dem Fluid beigegebenen Zusätze teilweise hochtoxisch und für das Grundwasser gefährdend sind. Auch werden Auswirkungen an der Erdoberfläche befürchtet, da die porösen Gesteinsschichten nach Gasentnahme in sich zusammenfallen könnten. Die Trennung von Gas und Fluid, die Reinigung des Gases und Bevorratung des toxischen Fluids sind aufwendig [178] [228]. Abweichend halten aber Wissenschaftler [196] bei nur geringem Risiko z. B. für Grundwasserschädigung oder Erdbeben das Fracking-Verfahren auch in Deutschland für vertretbar.

Speichern lassen sich die geförderten Erdgasmengen entweder in unterirdischen, meist künstlichen sog. „Kavernenspeichern“ (siehe Bild 22.11) oder in Porenspeichern (s. o.). In geringeren Mengen ist auch die Speicherung in oberirdischen Gasspeicher-Kugeln (z. B. wie in Bild 7.1 [H_2-Sp] dargestellt) möglich.

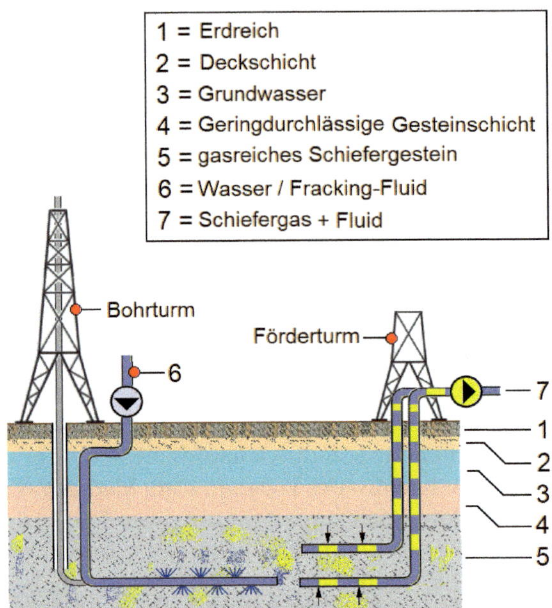

Bild 8.1 Erdgas-Fracking

Methan ist ein Treibhausgas und damit umweltschädigend. Wird Methan (CH_4) kontrolliert verbrannt, läuft die (vollständige!) Verbrennung ab nach der Formel (Kapitel 11/11.1), wobei wieder ein (wenngleich weniger schädliches) Treibhausgas entsteht. Immerhin entsteht bei der Verbrennung von Methan weniger äquivalentes CO_2 als z. B. bei der Verbrennung von Erdöl oder Kohle – siehe Bild 1.2. Will man dies vermeiden, muss man die Reaktion unter Luftmangel anstreben. Dann entsteht allerdings nach Formel (8.1) oder (8.2) das giftige Kohlenmonoxid (CO) oder elementarer Kohlenstoff (EC) in Form von Ruß [167] – siehe auch (11.1):

$$2\ CH_4 + 3\ O_2 \rightarrow 2\ CO + 4\ H_2O \qquad (8.1)$$

oder

$$CH_4 + O_2 \rightarrow C + H_2O \qquad (8.2)$$

9 Abtrennung und Speicherung von CO_2

Zur Abtrennung und Speicherung von CO_2 kommt eine Vielzahl von Verfahren zur Anwendung, insbesondere [49] [64]:

- In Feuerungen von mit fossilen Brennstoffen betriebenen Kraftwerken lässt sich heute der Ausstoß an CO_2 z. B. mittels der CCS-Technik deutlich senken (CCS = Carbon Capture and Storage/Verfahren zur Abscheidung/Reduzierung der CO_2-Emissionen). Leider ist das Verfahren energieintensiv – Quellen sprechen von bis zu 15 % an Energie, die im Kraftwerk zusätzlich aufgebracht werden müssten [218].
- Einlagerung von verdichtetem CO_2 in mit Salz gefüllte Sedimentschichten (hohe Dichte des darüberliegenden Gebirges erforderlich!)
- Lagerung durch Einbinden von gelöstem CO_2 an Silikate/Umwandlung z. B. in Calciumkarbonat
- Abscheidung von CO_2 aus der Atmosphäre z. B. mithilfe des Direct-Air-Capture-Prozesses (DAC) und Weiterverwendung als Baustein zur Erzeugung von synthetischem Kraftstoff (siehe Bild 7.8)
- Einbindung von CO_2 in Kohle führende Schichten (z. B. wegen zu großer Teufe oder zu geringer Mächtigkeit in nicht ausbeutbaren Kohleflözen)
- Einlagerung des mit DAC aus der Luft entnommenen CO_2-Gases (Bild 7.8) in Hohlräumen im Erdinnern (Kavernen – siehe Bild 22.11) – z. B. in ausgebeuteten Erdgas- oder Erdöl-Lagerstätten (auch hier hohe Dichte des darüberliegenden Gebirges erforderlich!)
- verschiedene Wäsche-Verfahren des Rauchgases nach der Verbrennung

9.1 Carbon Capture and Storage Verfahren (CCS)

Wie dargelegt kann CO_2 u. a. sowohl aus den Rauchgasen eines mit fossilen Brennstoffen betriebenen Kraftwerkes ausgewaschen werden (CCU/Carbon Capture and Utilization-Verfahren) als auch mithilfe des DAC-Verfahrens (Direct-Air-Capture-Verfahren/Abschnitt 7.3.1, Bild 7.8) der Luft entnommen werden. Das aus diesen Verfahren „gewonnene" Treibhausgas CO_2 soll, wie folgend beschrieben, entsorgt werden, ohne die Atmosphäre zu belasten.

Mithilfe des CCS-Verfahrens (Abscheidung und Speicherung von Kohlenstoff) wurde lt. Pressemitteilung mit der Einspeisung von 15 000 Tonnen aus Belgien stammendem verflüssigtem CO_2 in den Meeresboden der dänischen Nordsee begonnen. Im vorliegenden Fall (Projekt Greensand) wird das Gas in das „ausgeförderte" Ölfeld „Nini West" in 1 800 Meter Tiefe gepumpt. Der Transport des Gases erfolgt nicht, wie bei diesen Verfahren langfristig geplant, per Pipeline, sondern z. Zt. per Schiff [225]. Man spricht von einer Lagerdauer von 200 oder 10 000 Jahren, wobei unklar ist, ob die Lagerung über diesen Zeitraum sicher ist.

Wissenschaftler befürchten, dass die Lagerstätten undicht werden könnten. Würde dies passieren, könnte, je nachdem ob das Gas im Meeresboden oder zu Lande verpresst wird, z. B. das Grundwasser mit gelösten bzw. ausgewaschenen Schadstoffen kontaminiert werden, Flora und Fauna könnten Schaden nehmen oder das Meerwasser würde versauern [225]. Seit Juni 2012 darf die CCS-Lagerung lt. entsprechender Gesetzgebung (Bundesimmissionsschutzgesetz/BImschG und Kohlendioxid-Speichergesetz/KSpG) probeweise, mengenbegrenzt und nach Durchführung einer Verträglichkeitsprüfung auch in Deutschland zur Anwendung kommen, wobei die Verpressung sowohl an Land, in den deutschen Hoheitsgewässern als auch außerhalb der 12-Meilen-Zone möglich ist.

9.2 Karbonisierung durch Herstellung von Pflanzenkohle

Ein besonderes Verfahren zur Speicherung von CO_2 zeigt **Bild 9.1**. Vereinfacht dargestellt ist die Herstellung von Pflanzenkohle mithilfe einer PYREG®-Anlage. Während das zu Bild 7.9 beschriebene bioliq®-Verfahren auf der Verflüssigung von Biomasse (es entsteht synthetischer Kraftstoff) und in Bild 7.10 auf der Fermentierung der Biomasse (es entsteht Biogas) beruht, wird bei dem hier beschriebenen Verfahren Biomasse karbonisiert (verkohlt), d. h. der Kohlenstoffgehalt der Biomasse wird mithilfe eines thermischen (hier des Pyrolyse-) Verfahrens angereichert.

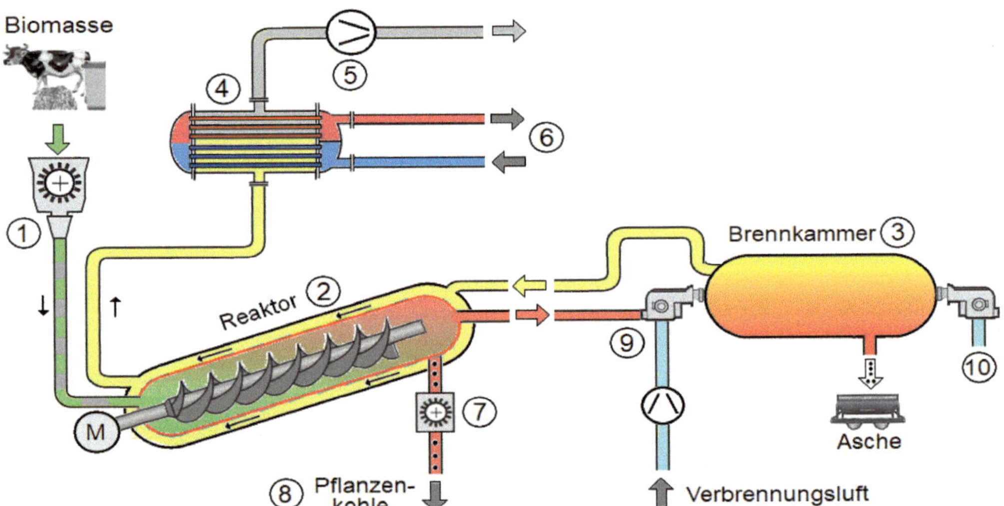

Bild 9.1 Trockene Karbonisierung von Biomasse zur Erzeugung von Pflanzenkohle

Zunächst wird die über eine Zellradschleuse ① eingebrachte Biomasse in einem motorisch betriebenen Schnecken-Reaktor ② auf ca. 600 °C unter Sauerstoffabschluss verschwelt – es entsteht die gewünschte Pflanzenkohle, diese wird mittels Zellradschleuse ⑦ bei ⑧ entnommen. Die bei der Pyrolyse entstandenen Schwelgase werden in einer FLOX®-Brennkammer ③ mithilfe des Brenners ⑨ mit einer Temperatur von ca. 1 100 °C flammenlos (! – siehe ⓘ) verbrannt. Die heißen Abgase werden über die äußere Doppelmantelkammer des Reaktors

② geleitet und ermöglichen so die Vergasung/Verschwelung der flüchtigen Anteile der Biomasse im Reaktor ② bei den o. g. ca. 600 °C. Sodann werden die immer noch heißen Abgase über den Tauscher ④ und das Gebläse ⑤ dem Schornstein zugeführt. Die im Tauscher ④ gewonnene Wärmeenergie kann in einem Nahwärmenetz ⑥ genutzt werden. Zur Inbetriebsetzung muss die Brennkammer ③ mithilfe eines gasbeheizten Startbrenners ⑩ so lange aufgeheizt werden, bis die zum selbstständigen Ablauf der Pyrolyse erforderliche Temperatur im abgasbeheizten Reaktor ② erreicht ist [223].

Das Verfahren hat nicht etwa wegen eines nachhaltigen Energiegewinnes Aufnahme in diese Dokumentation gefunden. Vielmehr findet es Erwähnung, weil biologische Abfälle nicht durch Verrotten, Verfaulen oder Verbrennen unkontrolliert CO_2 in die Atmosphäre entlassen. Stattdessen wird die erzeugte Pflanzenkohle ins Erdreich verbracht, wo sie nicht nur als Wasserspeicher und Transportmittel für Nährstoffe dient, sondern dort auch langfristig CO_2 speichert und mithin die Atmosphäre nicht mit dem Klimakiller belastet.

ⓘ *In der FLOX®-Brennkammer (FLOX = Flammenlose Oxidation) brennt das eingebrachte (hier Schwel-) Gas bei einer Flammtemperatur von ca. 1 100 °C (> 850 °C) flammenlos ab, da die Brenngase so heftig in den Brennraum eingedüst werden, dass entstehende Flammen ausgeblasen werden. Infolge der unterdrückten Verbrennung wird zudem die Stickoxidbildung begrenzt, da NO_X in der Reaktionszone/der Flammenspitze erzeugt wird, die ja hier fehlt.*

9.3 Speicherung von CO_2 als Ikait-Mineral im Meereis

Natürlich muss das erste Ziel die Vermeidung des Treibhausgases CO_2 sein. Kann die Erzeugung des Gases nicht vermieden werden, wird nach Wegen gesucht, das schädliche Gas aus der Atmosphäre zu entfernen und dauerhaft zu speichern, also der „Endlagerung“ zuzuführen (um einen Begriff der Kerntechnik zu verwenden).

Wie zu Beginn dieser Dokumentation dargelegt, löst sich bei geeigneten Voraussetzungen CO_2 im Meerwasser zu Carbonsäure H_2CO_3 (siehe Kapitel 1). Eine der (nicht mit all ihren Mängeln der von Menschenhand geschaffenen) Lagerstätten ist die von der Natur aufgezeigte Speicherung als Ikait-Mineral im mit CO_2 angereichertem Meereis.

ⓘ *Unter IKAIT ist ein kristallines Mineral der Carbonat-/Nitrat-Gruppe zu verstehen. Ikait (auch Ikaite) hat die chemische Summenformel $Ca[CO_3] \cdot 6\,H_2O$, ist also wassergebundenes (H_2O) Calciumcarbonat ($CaCO_3$). Ikait bildet sich im Meerwasser unter Luftabschluss in jenen Gebieten, in denen tiefe Temperaturen herrschen und in denen organisches Material vorkommt.*

Wissenschaftler haben das Ikait-Mineral u. a. im arktischen (salzhaltigen) Meereis Grönlands gefunden. Nur bei Temperaturen bis zu 4 °C bzw. 8 °C (je nach literarischer Quelle) ist dieses Mineral stabil – oberhalb dieser Temperatur entsteht durch Entmischung Calcit/Kalziumkarbonat ($Ca[CO_3]$) – grob formuliert auch als Kalk bezeichnet. Verantwortlich für die Bildung von sog. Ikait-Säulen am Meeresgrund sind offenbar durch Regen hervorgerufene Auswaschungen von seltenen Mineralien aus den die Fjorde umgebenden Gebirgszügen. Diese Elemente werden durch feinste Risse im Meerboden ins Meerwasser gespült und bilden dort offenbar unter Entnahme des CO_2 aus dem Wasser diese Ikait-Säulen. Optisch erinnern diese an Stalagmiten, wachsen allerdings nicht durch abtropfenden Kalk von oben aus einer Höhlendecke, sondern von unten, sind zudem erheblich höher (durchaus 20 m und mehr).

Forscher versuchen z. Zt. die Frage zu klären, welche Austauschprozesse zwischen Ikait/Calcit, CO_2-beladenem Meerwasser, dem Meereis und der Atmosphäre ablaufen.

Gelänge es, Ikait stabil und künstlich herzustellen, würde dies den weltweiten CO_2-Kreislauf erheblich beeinflussen – [236] bis [240].

10 Die Brennstoffzelle

Sind Wasserstoff, Methan oder ähnliche Verbindungen vorhanden, so kann z. B. mithilfe der Brennstoffzelle [BZ] elektrischer Strom erzeugt und der heute meist mit fossilen Brennstoffen betriebene Automotor durch einen alternativen Elektroantrieb ersetzt werden. De facto ist die Brennstoffzelle die Umkehr der Elektrolyse, bei der, wie in Bild 7.1 dargestellt, Wasser (endotherm) unter Energiezufuhr in Wasserstoff und Sauerstoff getrennt wird. Bei den Abläufen in einer Brennstoffzelle werden Energie und Gleichstrom gewonnen. **Bild 10.1** und **Bild 10.2** [79] [116] zeigen schematisch eine Brennstoffzelle.

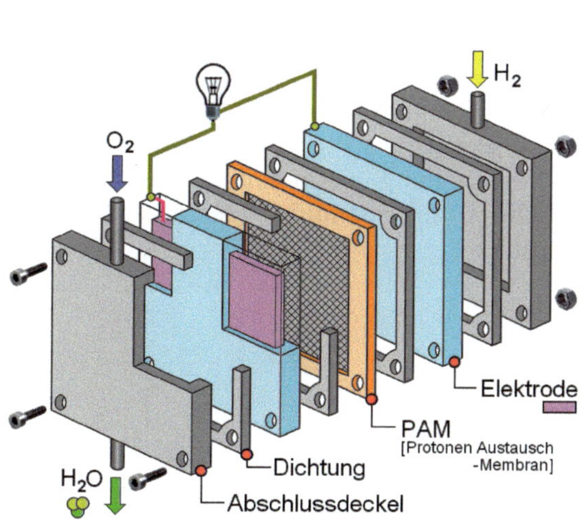

Bild 10.1 Brennstoffzelle (Explosionszeichnung)

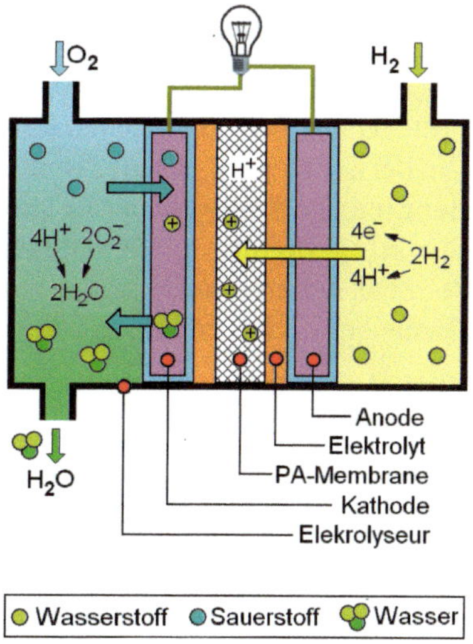

Bild 10.2 Schema Brennstoffzelle

Sie besteht aus zwei Elektrodenplatten (diese könnten aus Kohlenstoff- oder Metall-Vlies bestehen), die durch eine Protonen-Austausch-Membran (PAM – hierunter darf man sich eine Folie vorstellen) voneinander getrennt werden. Die Elektroden sind zur Katalyse meist mit Palladium oder Platin beschichtet, mit einem meist flüssigen Elektrolyten getränkt und mit feinen Kanälen zur Vergleichmäßigung der Durchströmung versehen. Die Membrane ist zwar für Wasserstoff-Ionen (H^+) ⊕, nicht aber für die Elektronen der Gase O_2 oder H_2 (e^-) durchlässig. Als Elektrolyt-Flüssigkeit kommen wenige Basen und Säuren zum Einsatz. Der Sauerstoff beaufschlagt die Kathode.

Der Wasserstoff durchströmt die Anode und zerfällt katalytisch in zwei H_2-Elektronen und zwei Protonen ⊕, die nach Durchströmen der Membrane ▩ an der Kathode als (H^+) mit den O_2-Ionen zu Wasser und Wärme reagieren. Verbindet man nun Kathode und Anode durch einen Verbraucher, bewegen sich die Elektronen [e^-] über einen Stromkreis von der Anode zur Kathode – es fließt Gleichstrom. Aus H-Protonen und Sauerstoff entsteht dann mithilfe der Elektronen Wasser.

Die Reaktionen (10.1 bis 10.5) könnten lauten [77] [116]:

Saurer Elektrolyt (pH-Wert < 7 – z. B. Phosphorsäure)

Anode: $2\ H_2 + 4\ H_2O \rightarrow 4\ H_3O^+ + 4\ e^-$ (Oxidation – Elektronenabgabe) (10.1)

Kathode: $O_2 + 4\ H_3O^+ + 4\ e^- \rightarrow 6\ H_2O$ (Reduktion – Elektronenaufnahme) (10.2)

Basischer Elektrolyt (pH-Wert > 7 – z. B. Kalilauge)

Anode: $2\ H_2 + 4\ HO^- \rightarrow 4\ H_2O + 4\ e^-$ (Oxidation – Elektronenabgabe) (10.3)

Kathode: $O_2 + 2\ H_2O + 4\ e^- \rightarrow 4\ OH^-$ (Reduktion – Elektronenaufnahme) (10.4)

Gesamtreaktion: $2\ H_2 + O_2 \rightarrow 2\ H_2O$ (Redoxreaktion – Zellreaktion) (10.5)

Der infolge der Reaktion entstehende Wasserdampf wird zeitgleich aus dem Elektrolyseur ausgespeist. Um höhere Spannungen zu erzeugen, werden die ja nur aus dünnen Schichten bestehenden Brennstoffzellen (dies können durchaus 150 Stück sein) zu sog. Stacks gestapelt. Die bei der Elektrolyse zur Trennung aufgewendete Energie wird bei dem Umkehrvorgang in der Brennstoffzelle wieder freigesetzt. Dies ist ein exothermer Prozess – deshalb müssen die Stacks/die Brennstoffzellen gekühlt werden. Diese Kühlung übernimmt der Einbaurahmen. Je mehr Zellen ein Zellstapel enthält, desto höher ist die Spannung – je größer die Oberfläche der Zellen ist, desto höher ist die Stromstärke.

11 Ausstoß an Treibhausgasen

In der Einleitung wurde dargelegt, dass ein wesentlicher Grund der globalen Erwärmung die Belastung der Atmosphäre u. a. durch das Treibhausgas CO_2 ist.

Maßgeblich beteiligt an den massiven CO_2-Emissionen sind die Verbrennung fossiler Brennstoffe in Feuerungen sowie der Betrieb von Verbrennungsmotoren.

Nicht unerwähnt bleiben darf das Thema „Permafrost". Es ist zu befürchten, dass in den Permafrost-Schichten vor allem in den Tundren der Nordhalbkugel/Arktis gegenüber den in der Atmosphäre vorhandenen CO_2-Mengen ein Vielfaches an CO_2 gespeichert ist. Das Abtauen der Permafrost-Zone wird durch den Anstieg der globalen Erwärmung deutlich beschleunigt. Infolge des Abtauens reagieren nunmehr Pflanzenreste und Torf mit Sauerstoff zu Methan, einem Gas, das etwa einen 25-fach höheren Treibhauseffekt gegenüber CO_2 hat. Sollte das Methan in Brand geraten (Tundrafeuer), setzt es zusätzlich erhebliche Mengen an CO_2 frei nach Formel (11.1) [133] [136] [138]:

$$CH_4 + 2\ O_2 \rightarrow CO_2 + 2\ H_2O \quad \text{(exotherm)} \qquad (11.1)$$

Bild 11.1 legt dar, welche Mengen an „Klimakillern" im Jahr 2020 freigesetzt wurden [33]. Zwar wird durch die Energieerzeugung mithilfe des Betriebes u. a. von Wasser-, Sonnen-, Wind- und Geothermie-Anlagen dem weiteren Anstieg von CO_2 in der Atmosphäre entgegengewirkt. Trotzdem nehmen die CO_2-Emissionen weltweit zu, nicht zuletzt wegen des verstärkten wirtschaftlichen und industriellen Aufschwungs der Schwellen- und Entwicklungsländer auf das Niveau der Industrieländer.

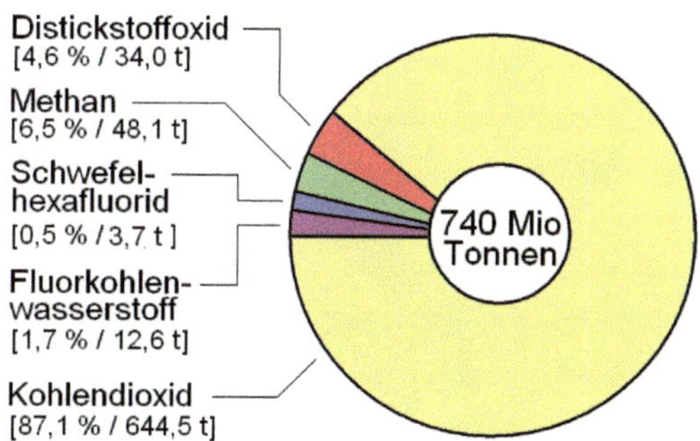

Bild 11.1 Ausstoß an Treibhausgasen in Deutschland

12 Wasserkraftwerke

Als alternative Energiequelle dürfen auch Wasserkraftwerke nicht unerwähnt bleiben, war die Kraft des Wassers doch über Jahrhunderte Energiequelle z. B. zum Antrieb von Transmissionen in Handwerksbetrieben mithilfe von Wasserrädern. Nachfolgend werden einige Wasserkraftwerke vorgestellt. Eigen ist allen Wasserkraftwerken, dass sie die kinetische (Fall-/Strömungs-) Energie des Wassers in mechanische Energie, im nächsten Schritt in elektrische Energie umwandeln.

12.1 Die Strömungsmaschine

Eine der ersten mit Wasser betriebenen Strömungsmaschinen ist in **Bild 12.1** dargestellt. Die Maschine erinnert stark an den Heronsball (Bild 12.1 B – [88]), erfunden von Heron von Alexandria († ca. 100 n. Chr.).

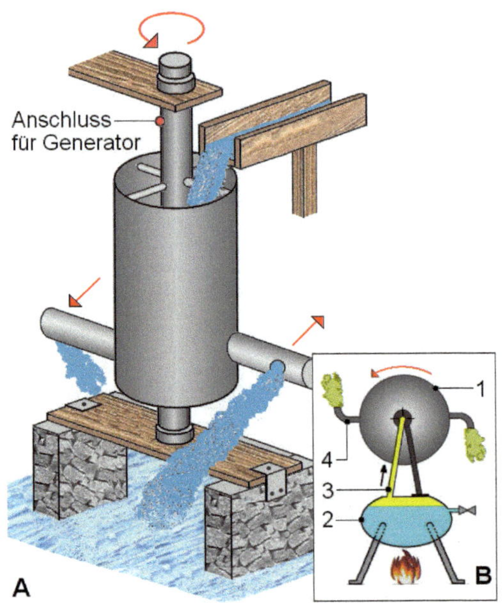

Bild 12.1 Reaktionsturbine

Der Heronsball ist eine drehbar gelagerte geschlossene Metallkugel ①, an deren Außenseite zwei Austrittsdüsen angebracht sind. Unterhalb dieses Gefäßes befindet sich ein mit Wasser gefüllter Behälter ②. Infolge Unterfeuerung dieses (ebenfalls geschlossenen!) Wasserbehälters verdampft das Wasser und wird wegen des entstehenden Dampfdruckes durch eine der als

Rohr gestalteten Halterungen ③ nach oben (↑) in die Kugel ① gedrückt. Der Dampf strömt wegen des nun auch in der Kugel herrschenden Überdruckes durch die beiden Düsen ④ ins Freie und versetzt die Metallkugel in eine Drehbewegung. Ähnlich arbeitet die in Bild 12.1 A dargestellte Apparatur/Reaktionsturbine. Wie erkennbar strömt ständig Wasser in einen um eine Mittelachse beweglichen stehenden Hohlzylinder. Im unteren Teil des Zylinders sind in zwei Auslegern Austrittsdüsen angebracht. Das aufgrund des statischen Druckes der Wassersäule im Zylinder durch die Düsen ausströmende Wasser versetzt den Zylinder infolge des Rückstoßes in Drehung. Die sich mit dem Zylinder drehende Achse treibt den Generator an – es wird Strom erzeugt [78] [88].

12.2 Das Wasserrad

Der Frühform der Energieerzeugung ist auch das Wasserrad (später wegen seiner Funktion auch „Wassermühle" genannt) zuzuordnen. Erste Wasserschöpfräder zur Bewässerung von Feldern waren etwa 3500 v. Chr. in Asien in Gebrauch. Recht früh nutzten auch Niederländer die Wassermühlen zur Entwässerung ihrer unter dem Meeresspiegel liegenden Landbereiche. Etwa 800 n. Chr. ersann man Möglichkeiten, die Drehbewegung des Rades in eine lineare Bewegung umzuwandeln. Nunmehr konnten z. B. Schmiedehämmer, Gattersägen oder Transmissionen mithilfe der Wasserkraft betrieben werden.

Bei der Wassermühle wird die kinetische Energie des fallenden bzw. strömenden Wassers genutzt, um ein mit Schaufeln bestücktes Rad in eine Drehbewegung zu versetzen. Um den Hammer (**Bild 12.2**) in Betrieb nehmen zu können, muss man mithilfe des Spannschützes eine Klappe im Wassergerinne öffnen.

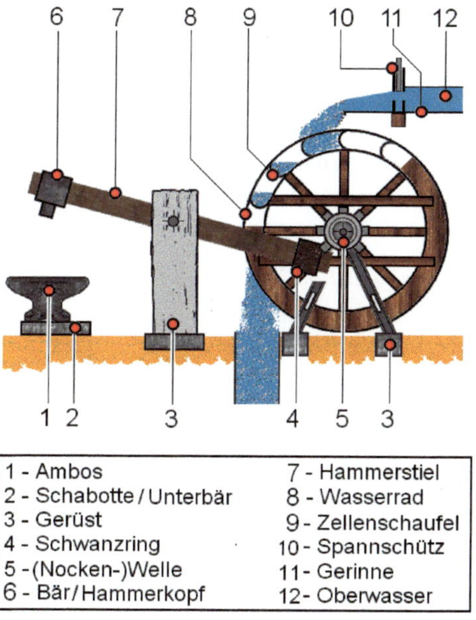

Bild 12.2 Hammerschmiede, angetrieben durch ein Wasserrad

Das Oberwasser beaufschlagt dann das Wasserrad und bringt dieses zum Drehen. Auf der Wasserradwelle ist ein Nockenring (Frosch) befestigt. Durch die Drehbewegungen dieses Nockenringes drückt einer der Nocken den gepanzerten Ring [4] am unteren Ende des Helmes nach unten, bis der Nocken über den Schwanzring rutscht. Der Hammer fällt durch sein eigenes Gewicht auf den Amboss. Dieser Vorgang wiederholt sich mit jedem Nockenvorschub. Die Schlaghäufigkeit kann man über den Wasserzufluss beeinflussen [102].

1880 wurden nach Erfindung des Generators in England das erste Wasserkraftwerk bzw. die Windmühle zur Stromerzeugung in Betrieb genommen. Wie in **Bild 12.3** zu erkennen ist, wurde hierzu z. B. die Welle zum Antrieb des Mahlganges [M] einer mit Wind angetriebenen Kornmühle anstelle des Mahlwerkes mit einem Generator verbunden – siehe hierzu Bild 6.2 Detail [1] (Galerie-Windmühle). Ebenso könnte auch die Nockenwelle [5] des Wasserrades aus Bild 12.1 mit dem Generator verbunden werden.

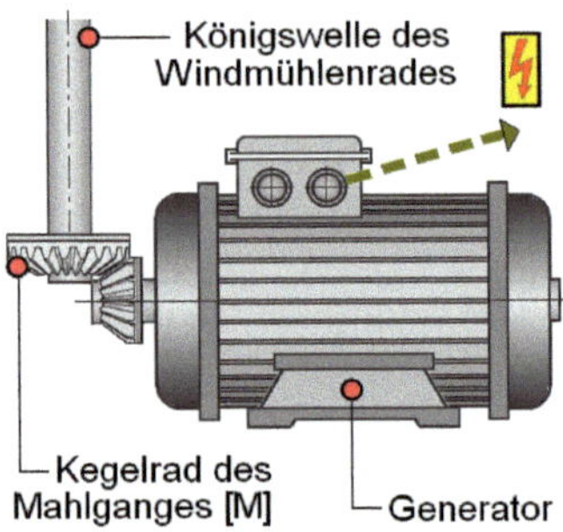

Bild 12.3 Windmühle/Wasserrad mit Generator

Etwa zeitgleich wurde neben der Wasserkraft aber auch die Dampfkesseltechnik als konkurrierende Energiequelle entwickelt und stillte fortan mithilfe der Dampfturbine mit gekoppeltem Generator den steigenden Energiebedarf. Trotz der anschließenden Vorstellung heute gebräuchlicher Wasserkraftwerke darf nicht unerwähnt bleiben, dass zuvor beschriebene Wasserräder als Kleinanlagen u. a. auch aus ökologischen Gründen zur dezentralen Energieversorgung durchaus eine Wiedergeburt erleben.

12.3 Pumpspeicher-Wasserkraftwerk

Beim Pumpspeicherkraftwerk nach **Bild 12.4** dient erzeugter, aber zeitgleich im Stromnetz nicht nutzbarer Strom dazu, Wasser aus einem Unterbecken in ein Oberbecken (künstlich angelegt oder Natursee) zu pumpen.

Bei Spitzen-Strombedarf wird dieses Wasser mit natürlichem Gefälle einer Turbine zugeleitet und gelangt so wieder in das Unterbecken. Im Wesentlichen kommen zwei Fördersysteme zur Anwendung. Zum einen ist die genannte Turbine (i. d. R. eine Francis-Turbine) eine Strömungsmaschine, die je nach Bedarf durch Umkehr der Drehrichtung vom Motor mit gekoppelter Fördermaschine entweder mithilfe des aus dem Oberbecken bergabstürzenden Wassers als Turbine der Stromerzeugung dient oder als Pumpe Wasser aus dem Unter- in das Oberbecken zurückfördert. In Bild 12.4 ist stattdessen eine Motor-/Generator-Einheit

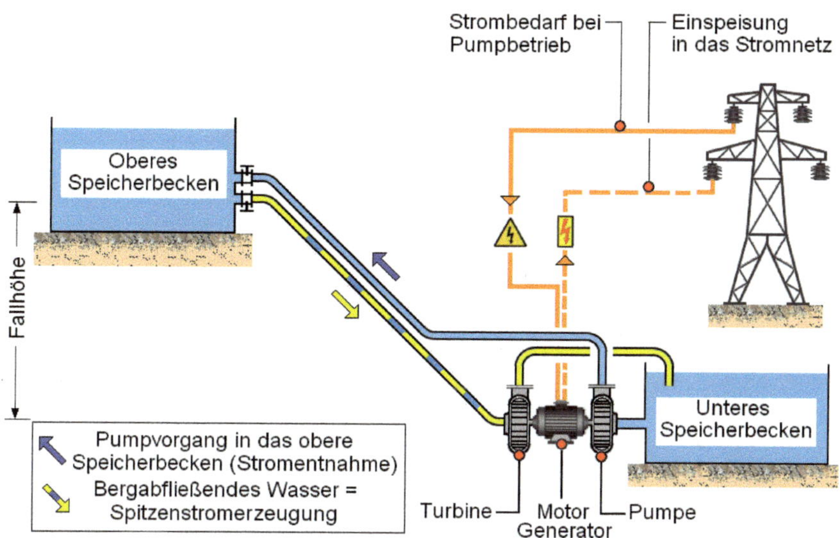

Bild 12.4 Pumpspeicher-Wasserkraftwerk

dargestellt, die – angeordnet auf einer gemeinsamen Welle – entweder mittels gekoppelter Turbine Strom erzeugt oder als Antrieb einer Pumpe dazu dient, um Wasser in die Höhe zu fördern. Aufgrund seiner Betriebsweise wird das Pumpspeicherkraftwerk auch als „Wasserbatterie" bezeichnet. Verschiedenen Quellen zufolge darf mit einem Wirkungsgrad von ca. 75 % bis 85 % (ohne Verluste im Stromnetz) gerechnet werden. Hinzu kommen Verluste wegen der zweifachen Energieumwandlung. So sprechen andere Quellen [13] von Gesamtverlusten von bis zu 40 %. Wird der Strom mithilfe der regenerativen Energien Sonne und Wind erzeugt, kann die Frage nach der Energieeffizienz zurückhaltender beurteilt werden. Zwar ist der Aufwand zur Errichtung entsprechender Energie-Gewinnungsanlagen erheblich, die Wind- und Sonnenenergie selbst steht jedoch kostenfrei zur Verfügung. Das Pumpspeicherwerk stellt zurzeit wohl das Speicherverfahren mit dem höchsten Wirkungsgrad dar, um Überschussenergien wirtschaftlich zwischenzuspeichern.

Basierend auf einer Veröffentlichung des RWE wurde **Bild 12.5** [29] erstellt. Das Diagramm zeigt in einer vereinfachten Darstellung beispielhaft die Bilanz zwischen der Stromabgabe und der Stromaufnahme bei einem Pumpspeicherkraftwerk. Technisch wird unterschieden zwischen Niederdruck-/Mitteldruck- und Hochdruckkraftwerken.

Das Unterscheidungsmerkmal ist u. a. die Fallhöhe – dies ist die nutzbare Höhendifferenz z. B. zwischen der Wasseroberfläche des Stausees und der Wasseroberfläche des Untersees/Ablaufs. Größter Nachteil des Pumpspeicherkraftwerks ist der meist erhebliche Eingriff in die Natur zur Anlegung eines jeweiligen Ober- und Unter-Speicherbeckens. Der Einsatz der Pumpspeicherkraftwerke war zu Zeiten der Kohlekraftwerke eine nützliche Ergänzung zur Stromerzeugung, konnte doch ein Kohlekraftwerk kontinuierliche Grundlast fahren, obwohl z. B. bei Nacht kein Strombedarf herrschte. In dieser Zeit wurde der im Kraftwerk erzeugte Strom zum „Laden" des Pumpspeicherwerkes genutzt. Auch zu Spitzenzeiten konnte Grundlast gefahren werden – der erhöhte Strombedarf wurde zu dieser Zeit durch die Energieerzeugung des Pumpspeicherkraftwerkes abgedeckt. Doch auch heute hat das Pumpspeicherkraftwerk

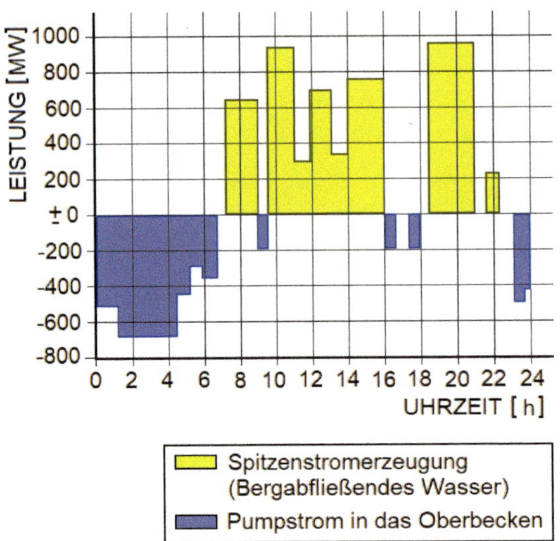

Bild 12.5 Tagesgang eines Pumpspeicherkraftwerkes

seine Daseinsberechtigung. Strom wird zunehmend alternativ mittels Sonne und Wind erzeugt. Beide Energieträger erzeugen den benötigten Strom aber nicht zeitgerecht. Das Pumpspeicherwerk kann den Energie-Unter/Überschuss fast verzögerungsfrei ausgleichen [98].

12.4 Das Laufwasser-Wasserkraftwerk

Überwiegend erfolgt die Wasserversorgung jedoch (noch) nicht mithilfe von - meist künstlichen - Speicherbecken, sondern Bäche/ein Fluss speisen einen Stausee. Aus diesem wird im Bedarfsfall Wasser entnommen und dient als Turbinenantrieb. **Bild 12.6** zeigt die Einbausituation eines Laufwasserkraftwerkes. Gegebenenfalls wird das Wasser auch unmittelbar einer im Flusslauf angeordneten Turbine zur Stromerzeugung zugeleitet [118].

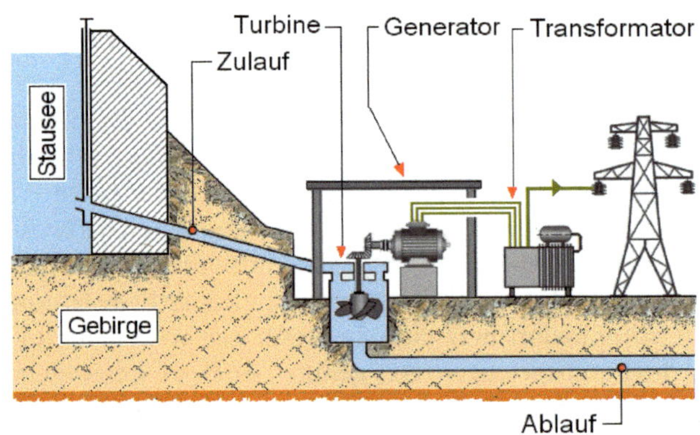

Bild 12.6 Laufwasser-Wasserkraftwerk

12.5 Wasserkraftschnecke (Archimedische Schraube)

Urvater aller Wasser-Fördereinrichtungen ist die Archimedische Schraube. Ihre Erfindung wird dem Griechen Archimedes zugeschrieben. Doch sie kam vermutlich schon ab dem 7. Jahrhundert v. Chr. zum Einsatz. Angetrieben wurde sie mittels Kurbel durch menschliche Muskelkraft (**Bild 12.7** – kleines Bild).

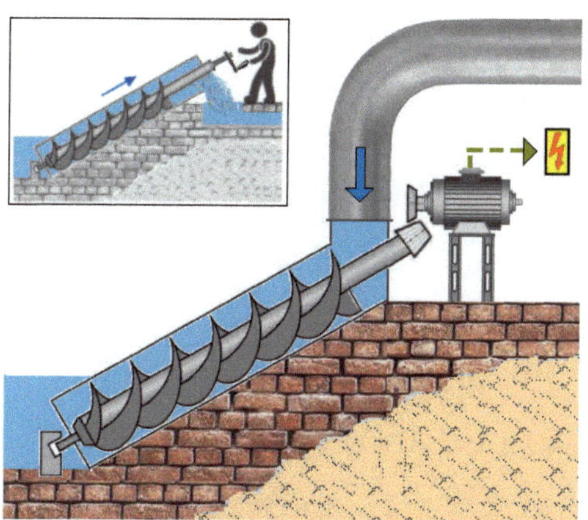

Bild 12.7 Wasserkraftschnecke (Archimedische Schraube)

Die Schnecke ist eine Wendel, die sich in einem Schacht um ihre Mittelachse dreht. Die einzelnen Gänge der Schnecke bilden Kammern, die ihre Wasserfüllung aus einem Wasserbecken o. Ä. schöpfen und stetig nach oben zum Schneckenende, hier in einen Auffangbehälter, transportieren. In den Niederlanden kam das Hebewerk als „Schneckenpumpe" ab etwa 1500 zur Anwendung. Als Antrieb diente eine Windmühle, wie zuvor dargestellt. Dort wurde die Königswelle (Detail 12 in Bild 6.2) mit dem Antrieb der Schnecke verbunden. Doch nicht nur als „Pumpe" – angetrieben mit Fremdenergie – kommt die archimedische Schraube zum Einsatz. Dreht man ihre Laufrichtung um, beaufschlagt man die Schnecke also an ihrem oberen Ende mit Wasser, das dann aufgrund der kinetischen Energie nach unten stürzt, gerät die Schnecke in Drehung. Ein mit der Schneckenwelle gekoppelter Generator erzeugt nunmehr Strom [176]. Eine solche Anlage, wie in Bild 12.7 dargestellt, versorgt Presseberichten zufolge z. B. teilweise das englische Schloss Windsor mit Strom.

Nach dem archimedischen Prinzip arbeitend kommt heute auch die Schrauben- oder Spindelpumpe z. B. in Hydraulikanlagen zum Einsatz.

12.6 Das Gezeiten-Wasserkraftwerk

Eine erst in neuerer Zeit entwickelte Technik ist das Gezeiten-Wasserkraftwerk. Die Gezeiten/der Tidenhub sind die Wasserbewegungen der Ozeane, hervorgerufen durch die Gravitationskräfte von Sonne und Mond, die auf die Erde einwirken. Standorte für Gezeitenkraftwerke sind i. d. R. Flussmündungen, ggf. auch geeignete Meeresbuchten. Gezeitenkraftwerke nutzen die kinetische Energie des Tidenhubes in Form der unterschiedlichen Wasserstände zwischen Hoch- und Niedrigwasser. Hierzu wird an geeigneter Stelle in einer Flussmündung oder einer Bucht ein Sperrwerk errichtet, in das Wasserturbinen eingebaut werden (**Bild 12.8**).

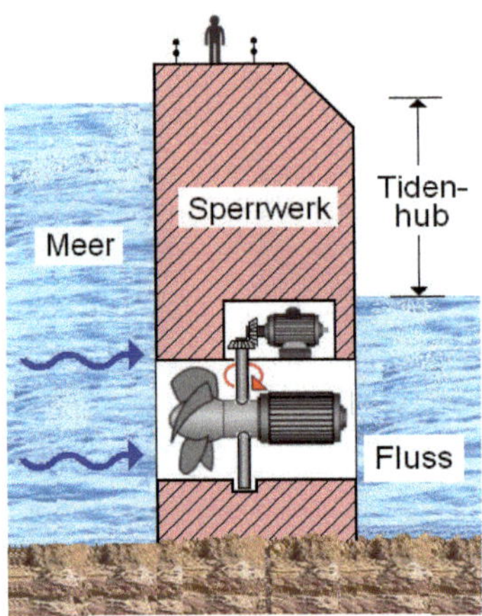

Bild 12.8 Gezeiten-Wasserkraftwerk

Als Turbinen kommen entweder solche mit verstellbaren Rotorblättern (z. B. Kaplan-Turbinen) zum Einsatz oder Turbinen-Generatoreinheiten, die jeweils in Anströmrichtung entsprechend Ebbe/Flut gedreht werden – siehe Bild 12.8 (Darstellung in der Situation „Flut"). Vergleichbar mit einem Windkraftwerk wird auch bei einem Strömungskraftwerk Bewegungsenergie in elektrische Energie gewandelt. Der Energieträger ist jedoch hier nicht der Wind, sondern die Meeresströmung. Der Vorteil der Meeresströmung gegenüber der Windenergie ist die ununterbrochene Verfügbarkeit. Da Wasser eine höhere Dichte als Luft hat, kann ein Meeresströmungskraftwerk gegenüber einer Windmühle zudem auch bei geringerer Strömung noch wirtschaftlicher betrieben werden.

Gezeitenkraftwerke arbeiten per Definition nach dem Staudamm-Prinzip, d. h., in einen Deich bzw. ein Sperrwerk werden Wasserturbinen eingebaut, die den Tidenhub (die Differenz zwischen abfließendem Wasser bei Ebbe bzw. auflaufendem Wasser bei Flut) nutzen. Die Turbinen arbeiten in beiden Strömungsrichtungen oder werden je nach Strömungsrichtung – wie zu Bild 12.8 beschrieben – um 180° gedreht.

Das nachfolgend beschriebene Projekt der Fa. Orbital Marine Power Ltd. beschreitet einen anderen Weg. Ziel ist ein schwimmendes Gezeitenkraftwerk, wie in **Bild 12.9** vereinfacht dargestellt.

Auf einem stählernen Rumpf als Wartungsplattform (Durchmesser 3 m/Länge 65 m – [199]) sind zwei Arme befestigt, an denen jeweils eine Gondel mit einer eingebauten Turbine mit gekoppeltem Generator befestigt ist. Angetrieben werden die Turbinen von jeweils einem zweiteiligen Rotor. Die Rotorblätter können je nach Strömung in ihrem Winkel verstellt werden. Die beiden Arme mit den Gondeln können zu Wartungsarbeiten über die Wasseroberfläche angehoben werden – ein deutlicher Vorteil gegenüber fest mit dem Meeresgrund verbundenen Anlagen. Das Kraftwerk wird mit Seilen in seiner Position am Meeresboden gehalten, der erzeugte Strom wird mittels Seekabel an Land transportiert.

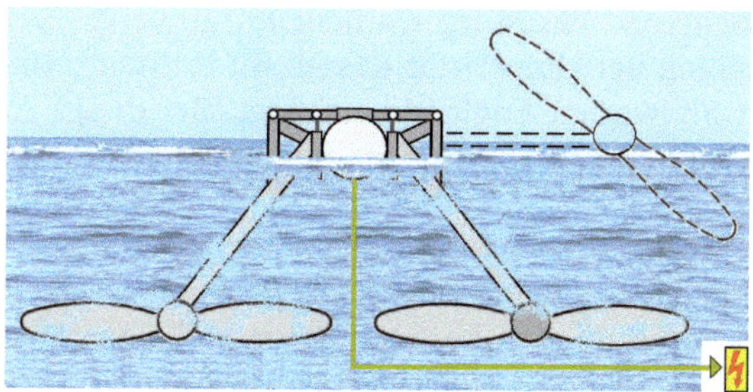

Bild 12.9 Schwimmendes Gezeiten-Wasserkraftwerk

12.7 Meerwasserströmungs-Kraftwerke

Meerwasserströmungs-Kraftwerke arbeiten effektiver als Windmühlen, da Wasser mehr als 800-mal dichter als Luft ist. Daher erzeugt ein Unterwasser-Rotor bei gleichen Abmessungen eine höhere Energie als eine Windmühle. Zudem ist im Gegensatz zu Wind- oder Sonnenenergie die Meeresströmung kontinuierlich.

Die Anlage nach **Bild 12.10** – bestehend aus einem dreiblättrigen Rotor mit gekoppeltem Generator – ist mit einem stabilen, jedoch bei Bedarf (z. B. bei Wartungs- oder Reparaturarbeiten) ortsbeweglichen Gerüst vollständig auf dem Meeresgrund positioniert. Der erzeugte Strom wird über Seekabel an Land geschickt und hier den Anforderungen entsprechend verbraucht oder gespeichert.

Bild 12.10 Meeresströmungskraftwerk I

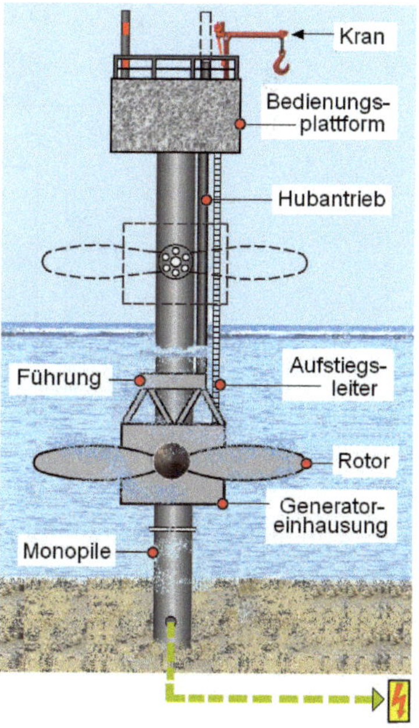

Bild 12.11 Meeresströmungskraftwerk II (Rotor abgetaucht)

Der Prototyp des als „SeaFlow“ bekanntgewordenen Kraftwerkes, vereinfacht dargestellt in **Bild 12.11** [23], wurde von der Universität Kassel mit britischer Unterstützung entwickelt und im Jahr 2003 im Südwesten Englands errichtet. Bei dieser Anlage waren ebenfalls Rotor und Generator unter Wasser angeordnet, allerdings an einem in 15 m Tiefe auf dem Meeresgrund verankerten Turm (Monopile) mit 2,5 m Durchmesser. Über Wasser befand sich eine Wartungsplattform (Betriebscontainer) – die Höhe über dem Wasserspiegel hing u. a. von den örtlich zu erwartenden Tidenhöhen ab und betrug zwischen 5 und 10 m. Zu Reparatur- und Wartungsarbeiten konnten Rotor und Generator hydraulisch über den Wasserspiegel hochgehoben werden. Die Rotorblätter waren verstellbar, um Ebbe und Flut nutzen zu können. Die Nennleistung betrug 300 kW.

12.7.1 Kammer-Wasserwellen-Kraftwerk

Das Gezeitenkraftwerk (Abschnitt 12.6) basiert auf dem sich alle 6 Stunden in seiner Strömungsrichtung umkehrenden Tidenhub.

Hingegen nutzt das Wasserwellen-Kraftwerk die kinetische Energie des sich kontinuierlich hebenden/senkenden Meerwasserspiegels. Schematisch zeigen eine solche Anlage die Bild 12.12 und Bild 12.13.

Bei dem in **Bild 12.12** dargestellten Wasserwellen-Kraftwerk strömt bei einem Wellenberg Wasser in eine Strömungskammer [⟷], an deren oberem Scheitel in einem Kamin eine Windturbine angeordnet ist.

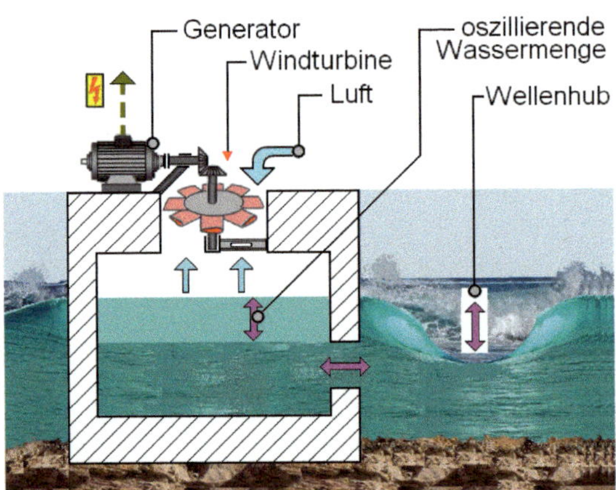

Bild 12.12 Kammer-Wasserwellen-Kraftwerk

Das von der Welle in die Kammer gedrückte Wasser erhöht innerhalb der Kammer den Wasserstand [↕] und komprimiert bzw. verdrängt mithin die oberhalb des Wasserspiegels vorhandene Luft. Diese Luft verlässt jetzt beschleunigt aufgrund der entstehenden Pressung – vergleichbar einer Luftpumpe – die Kammer, wobei die Luft eine axial angeordnete Wind-Turbine durchströmt. Im nächsten Augenblick kehrt sich jedoch die Wellenbewegung außerhalb der Kammer/im Meer um. Das während des Wellenberges zuvor in die Kammer hineingepresste Wasser fließt während des folgenden Wellentales wieder ab und saugt zugleich die zuvor verdrängte Luft in die Kammer zurück ↰↑, wiederum unter Beaufschlagung der Wind-Turbine. Als Turbine könnte eine Wells-Turbine mit Generator zum Einsatz gelangen. Die Drehrichtung dieser Turbine bleibt dabei aufgrund der Form der senkrecht zum Luftstrom stehenden Turbinenblätter gleich, obwohl die durch die Wassersäule bewegte Luft ihre Richtung ändert. Diese arbeitet – unabhängig von der wechselnden Anströmrichtung – immer mit der gleichen Drehrichtung. Hierzu weisen die Rotorblätter ein entsprechendes Profil auf [118].

Bei der Anlage nach **Bild 12.13** strömt mit jeder Welle Wasser in eine Röhre und schiebt verdrängte Luft in eine Turbine mit gekoppeltem Generator ([53] – Limpet-System [142]). Beim Ablauf der Welle wird die verdichtete Luft wieder in die Röhre zurückgesaugt. Ein solches Kraftwerk ist auf der schottischen Insel Islay in Betrieb.

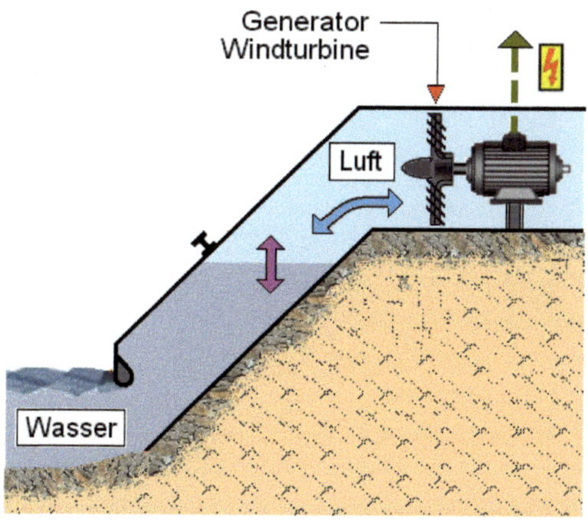

Bild 12.13 Pneumatisches Wasserwellen-Kraftwerk

12.7.2 Das WaveStar-Wasserkraftwerk

Eine weitere Wasserkraftanlage – der sog. WaveStar – ist in verschiedenen Ausführungen denkbar. **Bild 12.14** zeigt die Anlage in vereinfachter Darstellung.

Das Kraftwerk besteht aus einer Plattform, die auf einer Reihe von am Meeresgrund verankerten Stelzen steht. An der Plattform sind kugelförmige hohle Schwimmkörper befestigt. Diese, von den Entwicklern als „Drifter" oder „Bojen" bezeichneten Schwimmer sind mit mechanisch angetriebenen Hydraulik-Zylindern [HZ] verbunden. Die Drifter pendeln infolge der Wellenbewegung oszillierend ↕ auf und ab und treiben über Schwimmerarme die in einem wassergeschützten Maschinenhaus befindlichen und mit den Driftern gekoppelten Hydraulik-Motoren mit nachgeschaltetem Generator zur Stromerzeugung an. Werden die Wellen zu heftig, können die Drifter aus dem Wasser gehoben werden. Bei kritischem Wellengang wird die ganze Plattform einschließlich der Drifter aus dem Wasser nach oben ↕ gefahren.

Ein in Hanstholm vor Dänemark im Testbetrieb befindlicher Prototyp hat eine Plattformlänge von 40 m und ist mit 20 Hohlkörpern mit je 5 m Durchmesser versehen – die Leistung der Anlage beträgt 500 kW [55] [85].

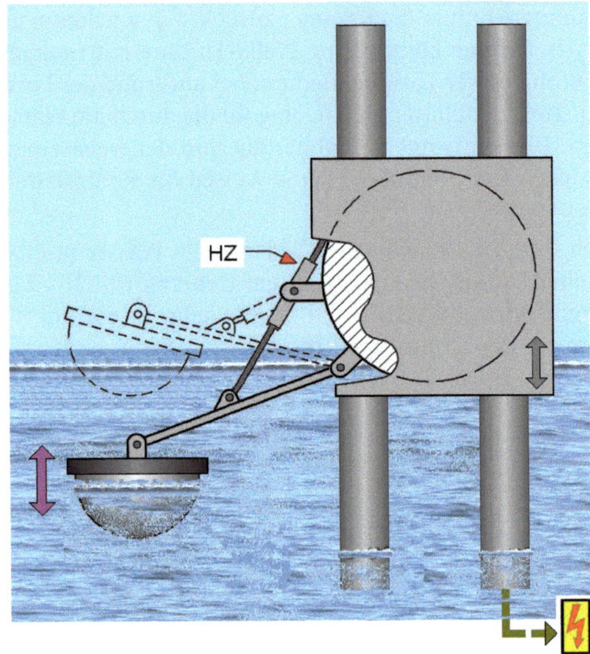

Bild 12.14 WaveStar-Wasserkraftwerk

12.7.3 Seeschlangen-Wasserwellen-Kraftwerke

Während das zuvor beschriebene pneumatische Kammer-Wasserwellen-Kraftwerk stationär betrieben wird, kann das Seeschlangen-Wasserwellen-Kraftwerk an wechselnden Betriebsorten eingesetzt werden. Eine von der Firma Pelamis Wave Power aus Edinburgh entwickelte Konstruktion ähnlich **Bild 12.15** besteht aus mehreren an der Wasseroberfläche schwimmenden (geschlossenen) zylindrischen Hohlkörpern (mit einem Durchmesser von ~ 3,5 m), die mithilfe von Gelenken miteinander verbunden sind.

Bild 12.15 Seeschlangen-Wasserwellen-Kraftwerk

Die Gelenke ihrerseits sind Teil eines Systems aus Hydraulikpumpen, Turbinen und Generatoren. Bei Wellengang werden die Rohrelemente gegeneinander verwunden – die den Gelenken aufgezwungene Bewegungsenergie presst die Hydraulikflüssigkeit durch das Rohrsystem/die Turbinen. Die eingebundenen Generatoren erzeugen Strom. Die Schlange ist nicht starr mit dem Meeresgrund verbunden, trotzt daher auch schwerer See. Da Wellenkraft fast immer zur Verfügung steht, können sich Wellenkraftwerke gut in die Reihe der alternativen Energiequellen einreihen [58] [82].

12.7.4 Das Wave-Dragon-Rampen-Kraftwerk

Ein an der dänischen Küste (Nissum Bredning) verwirklichtes Projekt ist unter dem Namen „Wave Dragon" bekannt geworden. Wie das **Bild 12.16** schematisch zeigt, besteht die Konstruktion aus einem im Offshore-Bereich am Meeresgrund verankerten schwimmenden Auftriebskörper mit zwei Rampen. Durch entsprechende Gestaltung der Rampen laufen die Wasserwellen die Rampen hinauf, füllen ein Oberbecken und stürzen von hier in einem Schacht nach unten. In diesem ist die Turbine mit dem gekoppelten Generator angeordnet. Nach dem Durchströmen der Turbine bei gleichzeitiger Stromerzeugung fließt das Wasser zurück ins Meer [57] [144].

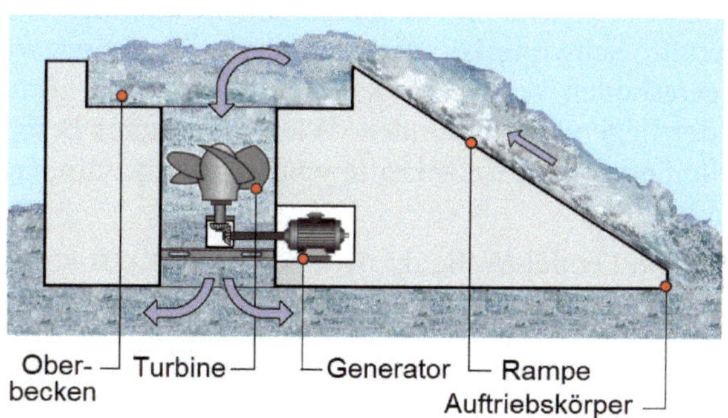

Bild 12.16 Wave-Dragon-Rampen-Kraftwerk

12.7.5 Pendel-Wasserwellen-Kraftwerk

Auch bei diesen Konstruktionen wird die Energie der auflaufenden Wellen zur Energiegewinnung genutzt. Die als Pendel-Wasserwellen-Kraftwerke bezeichneten Maschinen sind küstennah auf dem Meeresboden verankert – mehrere Ausführungen sind in **Bild 12.17** dargestellt.

Bei Detail A ist der Hauptbestandteil eine große, hängend in einem Gehäuse mit großen Scharnieren beweglich angebrachte Klappe (Pendulor). Sie wird durch den Wellengang pendelnd bewegt – die Bewegungsenergie wird mittels Hydraulikflüssigkeit und Rohrleitungen an Land geleitet, wo sie mithilfe von Hydraulikmotor und Generator zu Strom umgewandelt wird [65]. Bei einer anderen Konstruktion ist die Klappe stehend auf einer Bodenplatte installiert – dargestellt ist diese Version in Bild 12.17 Detail B [67]. Bekannt geworden ist sie unter dem Namen „Wave Rollers" und in Betrieb vor der französischen

Küste. Auch hier führt die Kraft der Wellen zu einer rhythmischen Pendelbewegung der Klappe. Die so generierte Bewegungsenergie wird über Pumpkolben und Rohrleitungen an Land weitergeleitet und dient mittels Hydraulikmotor mit gekoppeltem Generator gleichermaßen zur Stromerzeugung.

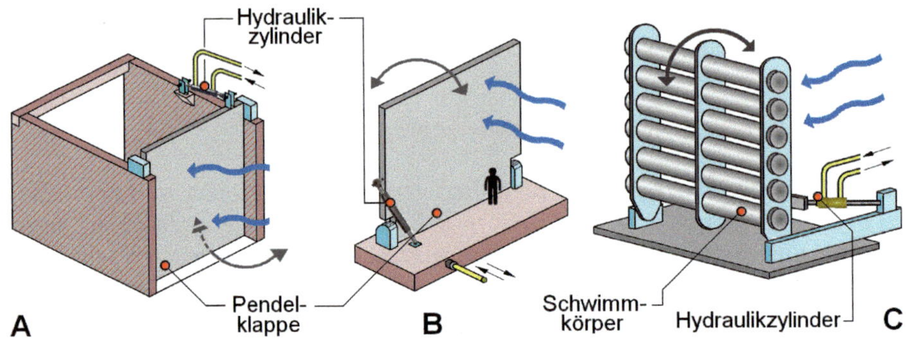

Bild 12.17 Pendel-Wellenkraftwerk I

Eine Veröffentlichung [66] beschreibt ein als „Oyster“ bekannt gewordenes Kraftwerk, installiert vor den Orkney-Inseln (Schottland). Bei dieser Anlage kommen anstelle der Pendelklappen zahlreiche luftgefüllte Schwimmkörper zum Einsatz. Diese sind, wie Bild 12.17 Detail C zeigt, in eine am Meeresboden verankerte Rahmenkonstruktion mithilfe von Scharnieren senkrecht stehend oder liegend eingebunden. Wie schon zuvor beschrieben werden auch hier die von den Wellen erzeugten Hebelkräfte von Hydraulikzylindern aufgenommen und ihre Energie an Land genutzt.

Auch **Bild 12.18** zeigt ein Pendel-Wellenkraftwerk. Dieses Kraftwerk ist nicht am Meeresgrund verankert, sondern an Land aufgestellt und nutzt die ans Ufer schlagenden Wellen zur Energieerzeugung aus. Hierbei wird die Bewegung der Pendelklappe über eine Kolbenstange an einen angeschlossenen Motor/Generator übertragen.

Bild 12.18 Pendel-Wellenkraftwerk II

12.7.6 Das Bojen-Wasserwellen-Kraftwerk

Aus der Vielzahl der Projekte sei ein Weiteres vorgestellt. In der Erprobungsphase befindet sich ein Bojen-Wellenkraftwerk. Auch hier wird die Energie der Wellenbewegung zur Stromgewinnung genutzt.

Am Meeresboden ist eine Vielzahl von Bojen verankert – siehe **Bild 12.19**.

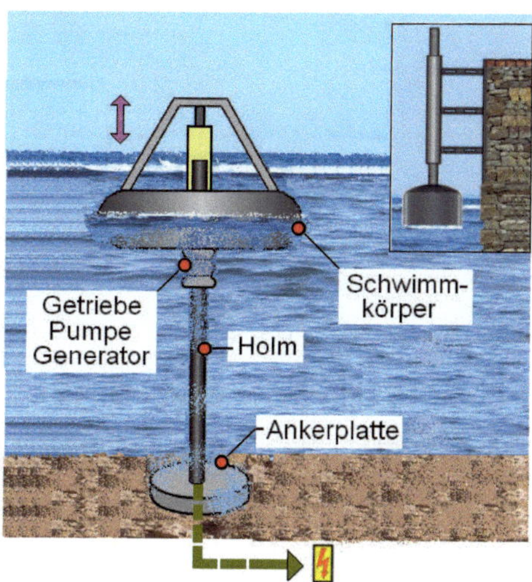

Bild 12.19 Bojen-Wellenkraftwerk

An der Spitze jeder Boje ist ein Schwimmkörper vorhanden, der sich mit dem Wellengang auf und ab ↕ bewegt. Die Bewegung des Hohlkörpers wird mithilfe einer Hydraulikflüssigkeit und einer Pumpe, die einen Hydraulikmotor in Gang setzt, aufgenommen. Der Motor seinerseits erzeugt mithilfe eines nachgeschalteten Generators elektrischen Strom [59]. Vergleichbare Anlagen werden auch an Land betrieben (z. B. von der Fa. Sinn-Power in Heraklion/Kreta – kleines Bild [60]). Hier wird ein an einer Stange befestigter Schwimmkörper (~ 3 m Durchmesser) vom Wellengang bewegt. Die Bewegung des Körpers/der Stange treibt einen Generator zur Stromerzeugung an.

12.7.7 Der Meereswellen-Schwimmer-Generator

Im Jahr 2012 wurde in Usedom ein Wellenkraftwerk vorgestellt, bei dem ein Schwimmer im Wellenbereich angeordnet ist und die oszillierende Wellenbewegung aufnimmt (**Bild 12.20**). Diese Bewegung wird von einer auf einem Haltemast platzierten Maschine in Drehbewegungen umgesetzt und in einem gekoppelten Generator in Strom verwandelt [62].

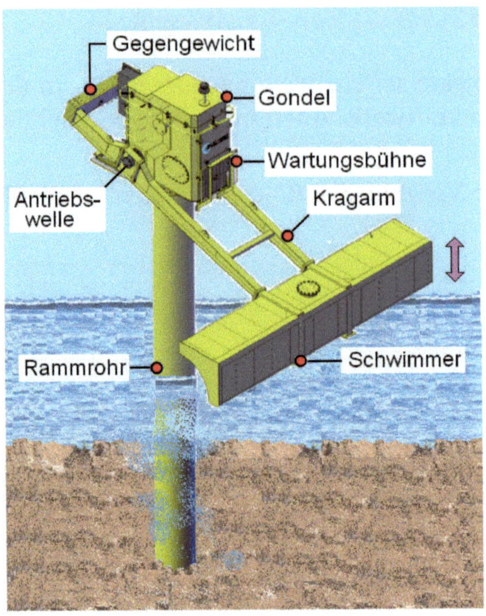

Bild 12.20 Meereswellen-Schwimmer-Generator [62]* (zu Wartungszwecken hochgeschwenkt)

12.7.8 Das Wellenkraftwerk mit Schwimmerausleger

Im Entwicklungsstadium befindet sich ein Wellenkraftwerk, das an Land betrieben wird – siehe Bild 12.21. An geeigneter Stelle werden bewegliche Schwimmerausleger platziert. Über die Wellenbewegung werden die mit den Schwimmerauslegern verbundenen Turbinen/Generatoren in Gang gesetzt, mit deren Hilfe Strom erzeugt wird. Nach dem gleichen Prinzip arbeitet eine Version, bei der die Ausleger auf einem Schiff angeordnet sind, wie dies in etwa Bild 12.14 zeigt. Der erzeugte Strom kann in Akkumulatoren zwischengespeichert werden [174].

Bild 12.21 Wasserwellen-Kraftwerk mit Schwimmerausleger

12.7.9 Wasserwirbelkraftwerk

Ein Wasserwirbelkraftwerk, auch als Gravitationswasserwirbel-Kraftwerk bekannt, kommt, folgt man der Literatur, nur als Klein-Wasserwerk zum Einsatz. Jedermann hat schon einmal die Wirbelbildung im Ablauf z. B. eines Waschbeckens beobachtet. Auf diesem Effekt beruht das Wasserwirbelkraftwerk. Eine Anlage dieser Bauart wird in Ober-Grafendorf mit einer Zotlöterer-Turbine betrieben. Wie aus **Bild 12.22** zu ersehen ist, besteht die Anlage im Wesentlichen aus einem runden Becken, in dessen Boden sich mittig eine Ablauföffnung befindet.

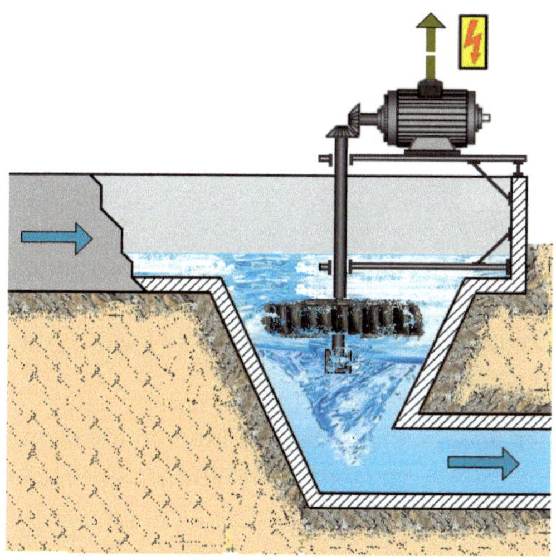

Bild 12.22 Wasserwirbelkraftwerk

Das in das Becken oben tangential eingeleitete Wasser verlässt mit eigenem Gefälle das Becken durch diesen Ablauf. Den beim Abfließen des Wassers in der Öffnung entstehenden gerade geschilderten rotierenden Wasserwirbel, auch als (spiralförmige) Kreisströmung oder Strudel bezeichnet, nutzt man, indem in die Ablaufleitung ein Turbinen-/Generatorsatz zur Stromerzeugung eingebaut wird. Die Pilotanlage im österreichischen Ober-Grafendorf hat einen Beckendurchmesser von 5,5 m, eine Fallhöhe von bis zu 1,5 m (abhängig vom Wasserstand) und eine Durchflussmenge von 0,9 m^3/s bei einer elektrischen Leistung von bis zu 10 kW [54] [121].

Wie zuvor beschrieben nutzen Laufwasserkraftwerke die natürliche Strömung von Flüssen, Bächen und dem Meer aus. Gegebenenfalls werden, um den Wirkungsgrad zu erhöhen, auch Stauwerke eingesetzt. Speicherkraftwerke hingegen sind auf einen Stausee oder ein künstlich angelegtes Oberbecken (Teil eines Pumpspeicher-Kraftwerkes) angewiesen. Wegen der landschaftlichen Gegebenheiten ist die Zahl an Speicherkraftwerken in Deutschland begrenzt. Gezeiten- und Wellenkraftwerke hingegen nutzen die Meeresbewegungen aus.

Bild 12.23 [83] veranschaulicht, welche Energiemengen weltweit mittels Wasserkraft gewonnen werden (die Werte variieren in verschiedenen Quellen, wurden vom Autor gemittelt und erweitert).

In der Statistik wird nicht zwischen den einzelnen Wasserwerks-Bauarten unterschieden.

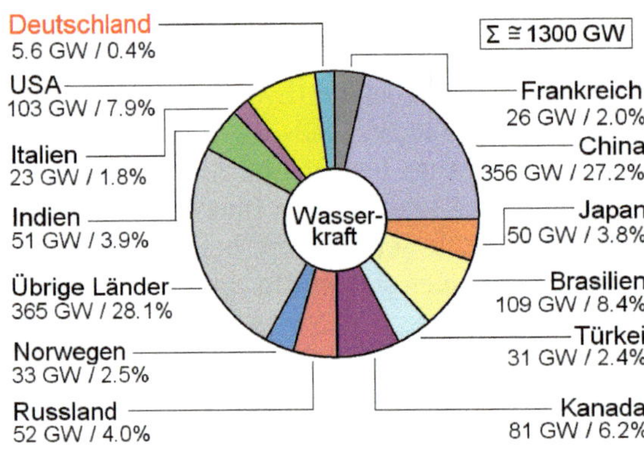

Bild 12.23 Weltweite Stromerzeugung mittels Wasserkraft (Stand: 2020)

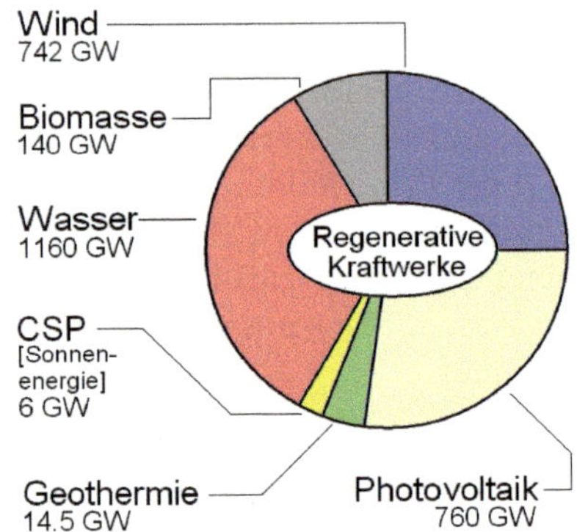

Bild 12.24 Weltweit installierte regenerierte Kraftwerksleistung (Stand: 2020)

In **Bild 12.24** [150] ist dargestellt, welchen Anteil die erneuerbaren (regenerativen) Energien an der weltweiten Kraftwerksleistung inzwischen haben (Stand 2020). Dieser beträgt ca. 7 680 GW. Alternativ erzeugt werden inzwischen 2 823 GW – das entspricht ca. 37 % der weltweiten Gesamtleistung.

Der Vollständigkeit halber seien auch die Länder mit der höchsten Menge an mittels Photovoltaik-/Solar- und Wind-Strom erzeugter Energie genannt (Stand 2020) – siehe hierzu **Bild 12.25** und **Bild 12.26** [148] [149].

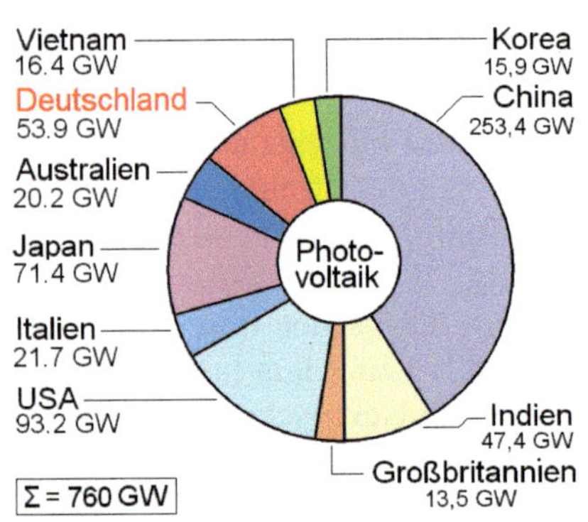

Bild 12.25 Weltweite Stromerzeugung mittels Photovoltaik

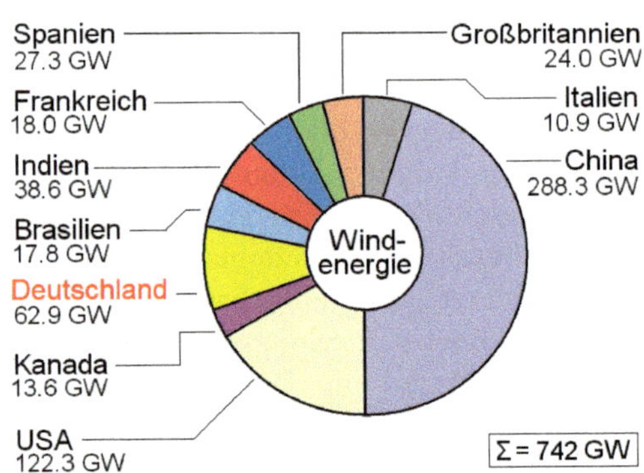

Bild 12.26 Weltweite Stromerzeugung mittels Windenergie

13 Das Osmose-Kraftwerk/ Salzgradienten-Kraftwerk

Zurzeit laufen Entwicklungen im Bereich der **Osmose-Kraftwerkstechnik.**

Die bislang beschriebenen Verfahren zur Energie-/Stromgewinnung basieren überwiegend auf dem Prinzip der potenziellen (Lage-) Energie oder der kinetischen (Bewegungs-) Energie. Anders das Osmose-Kraftwerk – hier greift die Salzgradientenenergie. Eines dieser Verfahren, nämlich das des oberirdischen Kraftwerkes, wird nachfolgend beschrieben.

Anhand vorliegender Literatur [19] könnte sich das Funktionsprinzip eines oberirdischen Osmose-Kraftwerkes – siehe **Bild 13.1** [68] – wie folgt darstellen:

(Salzarmes) Süßwasser und (salzreiches) Meerwasser werden mittels der Pumpen ① in die Anlage eingespeist, gesondert gefiltert ② und in ein Membranmodul ③ gepumpt. Hier diffundiert das Süßwasser auf die Meerwasserseite ↗, mindert dort die Salz-Konzentration. Je mehr Süßwasser auf die Meerwasser-/Mischwasserseite strömt, umso höher wird dort der Wasserdruck.

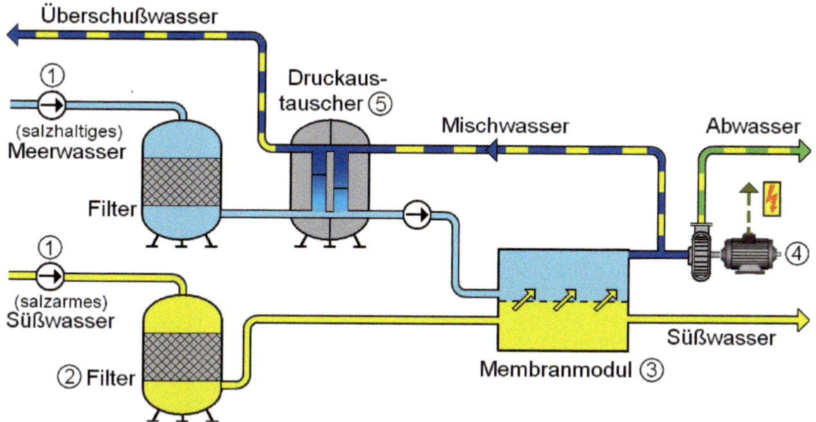

Bild 13.1 Oberirdisches Osmose-Kraftwerk

Ein Teil dieses (Hochdruck-) Mischwassers wird der Wasserturbine ④ mit gekoppeltem Generator zugeführt und dient der Stromerzeugung. Um das Konzentrationsgefälle sicherzustellen, wird die Anlage von einem Mehrfachen der benötigten Salz-Wassermenge durchströmt (s. u). Jene Misch-Wassermenge, die die Turbine nicht verarbeiten kann, wird über den zur Druckhaltung mit Druckventilen ausgestatteten Druckaustauscher ⑤ geleitet und von hier aus als Überschusswasser abgeführt.

Osmose-Kraftwerke können dort zum Einsatz kommen, wo Wassermengen mit unterschiedlichen Salzgehalten vorliegen – dies kann eine Flussmündung mit Ablauf ins (salzhaltige) Meer sein, aber auch ein durch salzhaltige Abwässer belasteter Fluss.

Osmose-Verfahren dürfen in den Bereich der „erneuerbaren Energien“ aufgenommen werden – die Sonne lässt Meerwasser verdunsten, also seinen Salzgehalt steigen –, dies ist die Voraussetzung für das geschilderte Osmose-Verfahren.

ⓘ *Bei der* **Osmose**, *einem physikalischen Vorgang, findet (meist zwischen Flüssigkeiten) ein Ausgleich von Konzentrationen statt. Hierbei diffundiert der Stoff mit der niedrigeren Konzentration durch eine selektiv permeable (halbdurchlässige) Membran auf die Seite mit der höheren Konzentration (Meerwasserseite). Die höher konzentrierte Lösung wird so langsam und so lange verdünnt, bis gleich viele Lösungsmittelmoleküle in beide Richtungen diffundieren. Die Membranwand können nur die kleinsten Moleküle durchdringen, nicht aber die des gelösten Stoffes (hier Salz), wobei die Membran für Wasser stets durchlässig ist und so die Verdünnung der höher konzentrierten Flüssigkeit ermöglicht.*

Durch das Diffundieren der „reinen“ Flüssigkeit durch die Membran auf die belastete Seite steigt dort der osmotische Flüssigkeitsdruck. Sind die Konzentrationen ausgeglichen, herrscht also Druckausgleich, käme der Osmosevorgang zum Erliegen. Um eben dies zu vermeiden, wird der Anlage ein Mehrfaches der benötigten (hochkonzentrierten) Meerwassermenge zugeführt [101].

14 Der Druckluftspeicher

Bei dem in Bild 12.4 dargestellten Pumpspeicher-Wasserkraftwerk wird elektrische Energie in Lagenenergie verwandelt und so vorübergehend gespeichert. Beim Druckluftspeicher-Kraftwerk hingegen wird überschüssige und alternativ z. B. mithilfe eines Wind- oder Photovoltaik-Kraftwerkes erzeugte elektrische Energie dazu benutzt, um atmosphärische Luft zu verdichten ① und unter hohem Druck in unterirdischen Hohlräumen zu verpressen. Dies können ausgebeutete Salzstöcke oder erschöpfte Gaslagerstätten ② (sog. druckfeste/gasdichte Kavernen) sein – siehe Bild 22.11. Um Stromspitzen abzubauen, wird bei Bedarf die als „Pressluft" gespeicherte Energie der Turbine ③ zugeleitet und erzeugt in einem gekoppelten Generator ⑧ Strom (**Bild 14.1**).

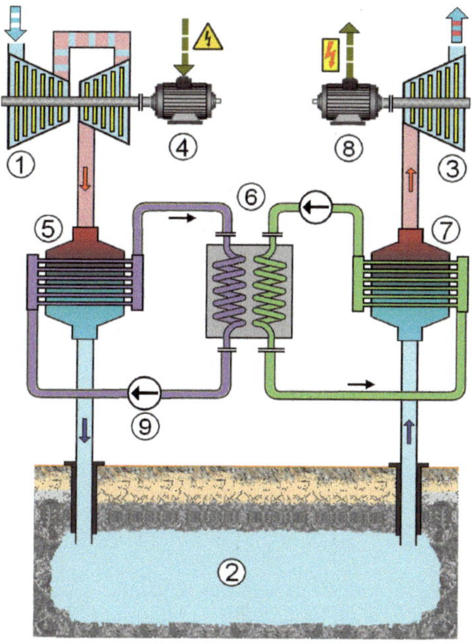

Bild 14.1 Druckluftspeicher-Kraftwerk

Vorteil eines Druckluftspeicher-Kraftwerkes ist die kurzfristige Betriebsbereitschaft, insbesondere auch nach einem umfänglichen Stromausfall. Der Wirkungsgrad dieses Speicherverfahrens ist nicht sonderlich hoch – während der Verdichtung erwärmt sich die komprimierte Luft auf 700 °C und mehr bei durchaus 160 bar und muss mit hohem Energieaufwand gekühlt werden ⑤. Eine nennenswerte Verbesserung des Wirkungsgrades ist dadurch zu erreichen, dass die Kompressionswärme nicht nutzlos abgeführt wird, sondern ebenfalls gespeichert wird. Mithilfe einer Hochdruckpumpe ⑨ lädt ein gesonderter Kühlkreislauf ▬ einen Regenerator ⑥. Dieser besteht entweder aus einem flüssigen Wärmeträger (in der Abbildung eine Salzlösung) oder einem festen Wärmeträger (z. B. einem Cowper, einem mit Speichermasse ausgekleideten Winderhitzer/Speicher, wie man ihn aus der Hochofentechnik kennt). Der Speicher nimmt die bei der Verdichtung der Luft entstandene Wärme ⑤ auf. Bei der Entladung des Speichers (vor Eintritt in die Turbine ③) wird der Luft mittels Lufterhitzer ⑦ mit gekoppeltem Generator ⑧ diese Speicherwärme wieder zugeführt. So kann eine drastische Abkühlung der expandierenden Luft bis hin zur Vereisung verhindert werden. Diese sog. „adiabatische“ Druckluft-(Pressluft-)Speicherung (keine Wärmeenergiezufuhr in das/Wärmeabfuhr aus dem System) ermöglicht einen Wirkungsgrad von ca. 70 % [14]. Vorteile des als CAES-Verfahren (Compressed Air Energy Storage) bekannten Druckluftspeicher-Kraftwerkes sind die Schwarzstart-/Schnellstarteigenschaften [113].

15 Geotechnische Speichersysteme

15.1 Das Unterflur-Speicherkraftwerk

Im Forschungsstadium werden zurzeit sog. Unterflur-Speicherkraftwerke (**Bild 15.1**) betrieben, z. B. in ausgekohlten Schachtanlagen des untertägigen Kohlebergbaues [16] [120]. Auch nach ihrer Stilllegung bedürfen diese unterirdischen Bauwerke einer aufwendigen Wasserhaltung wegen des dort anfallenden warmen und mit ausgewaschenem Salz verunreinigten Brackwassers. Um Grundwasserschäden zu vermeiden, muss dieses Wasser in einem Sumpf ⑩ gesammelt und nach übertage abgepumpt ① und entsalzt werden ⑨. Ab diesem Zeitpunkt kann das Wasser mehrfach genutzt werden.

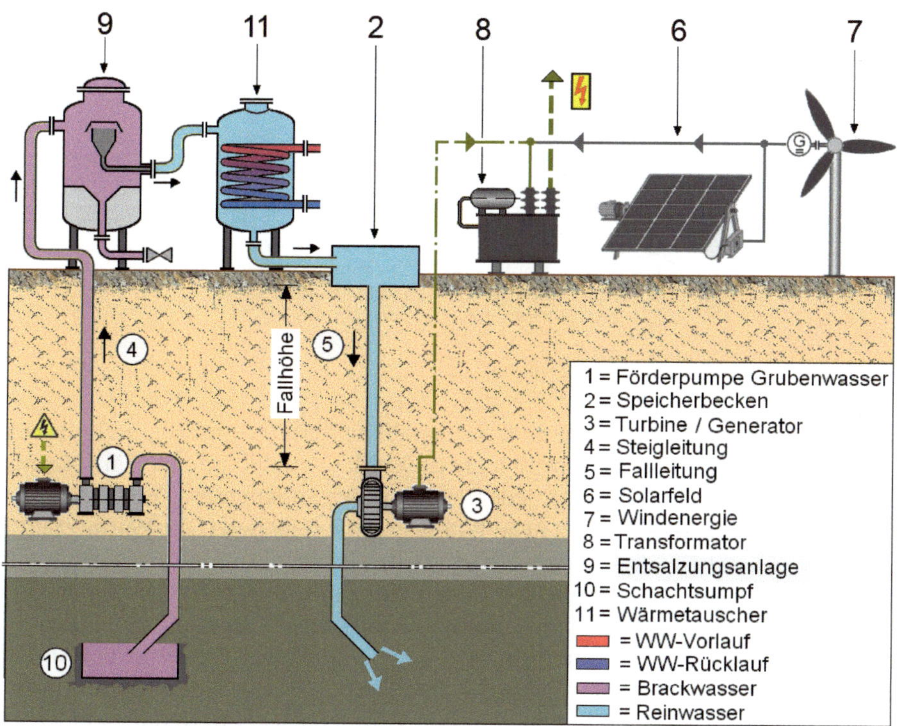

Bild 15.1 Untertage-(Unterflur-)Speicherkraftwerk

- Zum einen wird nach Absalzung des Brackwassers [violettes Farbfeld] und nach Abgabe seiner Wärmeenergie das abgekühlte Wasser [blaues Farbfeld] in einem oberirdischen Speicherbecken ② bevorratet und beaufschlagt bei Strombedarf untertage angeordnete Wasserturbinen ③. Diese nutzen die potenzielle kinetische Energie des Wassers (Lagenenergie) zur Stromerzeugung.

Positiv zu bewerten sind bei dieser Kraftwerksvariante neben der Schonung der Umwelt (weitgehender Wegfall oberirdischer Bauwerke) die zwangsläufig großen Fallhöhen (von durchaus 1 500 m), hieraus folgend die hohen Leistungen der Turbine – angedacht sind Leistungen von ca. 600 MW. Von Vorteil ist zudem die fast verzögerungsfreie Bereitstellung des angeforderten Spitzenstromes.

- Zweitens können nach Presseberichten neben der Ausschleusung des Salzes (Natrium) aus dem Brackwasser auch aus dem Gebirge ausgewaschenes Kalium und begehrtes Lithium gewonnen werden.
- Zuletzt kann das Brackwasser als Wärmeenergiequelle genutzt werden. Die Temperatur im Erdkern beträgt gängiger Literatur zufolge ca. 6 300 °C bei einer Tiefe bis zum Erdmittelpunkt von 6 378 km (**Bild 15.2** [119] [99]).

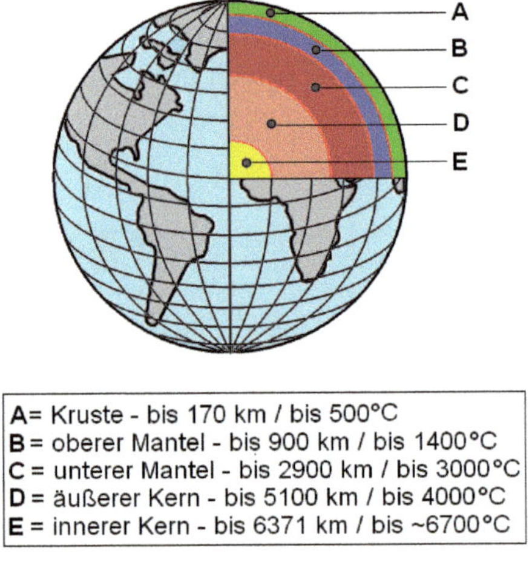

Bild 15.2 Temperaturverteilung im Erdinneren

Zwar kühlt der im Innern unserer Erde feste/metallene Kern (Fe und Ni), umhüllt von einer Schale flüssigen Magmas (verantwortlich für unser Magnetfeld), infolge Umwälzung (Konvektion) bis in die obere Erdkruste ab, jedoch wird wegen anhaltenden Zerfalles radioaktiver Elemente im Erdinnern auch ständig neue Wärmeenergie freigesetzt. Die Wärmeenergie wird durch die Konvektion und durch aufsteigendes Magma (Vulkanismus) bis an die Erdoberfläche transportiert. Unter Vernachlässigung der Sonneneinstrahlung (ruft Temperatursteigerung an der Erdoberfläche von ca. 15 °C hervor) nimmt die Erdwärme ab hier mit zunehmender Tiefe je nach Beschaffenheit des Gesteines um ca. 3 °C je 100 m zu und erreicht bei Abteuftiefen von bis zu 2 000 m immerhin 60 °C. Das warme Grund-/Brackwasser kann daher als Energiequelle genutzt werden – hierzu dient der Wärmetauscher in Detail ⑪ in Bild 15.1 –, die gewonnene Energie kann ggf. in einem Fernheiznetz genutzt werden.

15.2 Das Hubspeicher-Kraftwerk

Ein erst im Entwicklungsstadium befindliches Projekt der FH Furtwangen (Prof. Dr. E. Heindl) wird nachfolgend beschrieben [4] [15]. **Bild 15.3** zeigt schematisch, wie ein solches Hubspeicher-Kraftwerk, auch als hydraulischer Lagenenergiespeicher definiert, aussehen könnte.

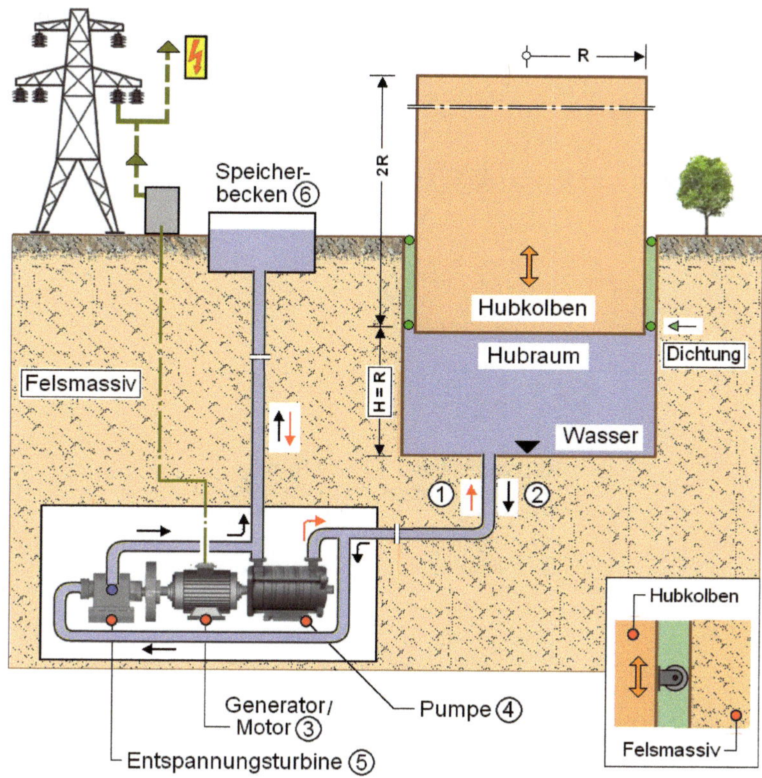

Bild 15.3 Hydraulischer Lagenenergie-Hubspeicher

Bei dieser Anlage wird aus einem Felsmassiv eine zylindrische Felsmasse (auch als Hubkolben bezeichnet) herausgetrennt. Um das spätere Verkanten des Kolbens innerhalb des Hohlraumes zu vermeiden, sind ggf. an der Kolbenwandung Führungsrollen (kleines Bild) angeordnet. Im Entwurfsstadium geht man von einem Kolbenradius [*R*] von bis zu 500 m aus. In den so geschaffenen Hohlraum (zwischen Hubraumsohle und Hubkolben) wird mittels Motor ③ und Pumpe ④ Presswasser ① gepumpt und so der Kolben hydraulisch angehoben. Der Pumpenantrieb erfolgt mittels überschüssiger und alternativ erzeugter Energie. Bei Spitzenstrombedarf wird durch das Absenken des Hubkolbens (▼ – durch sein Eigengewicht) infolge des Ausschleusens von Presswasser ② aus dem Hubraum die eingebrachte Pumpenenergie zurückgewonnen. Das entnommene Presswasser wird einer von Generator ③ angetriebenen Wasserturbine ⑤ zur Speicherung im Speicherbecken ⑥ zugeleitet. Das in dem Hubraum als Lagenenergie zwischengespeicherte Wasser wird so zur Stromerzeugung genutzt.

15.3 Der Stülpmembranspeicher

Nachfolgend beschrieben wird ein von Prof. Dr. Ing. Matthias Popp entwickeltes System zur Speicherung alternativ erzeugten Stromes [40] (**Bild 15.4**).

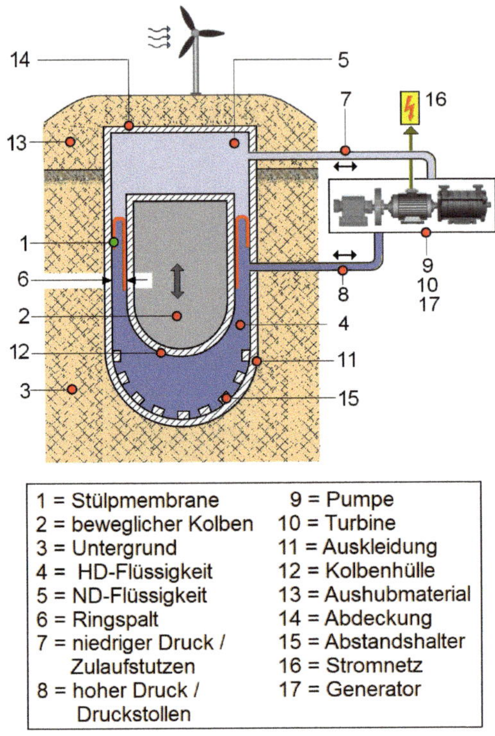

Bild 15.4 Stülpmembranspeicher-Kraftwerk

Wie im Bild dargestellt werden bei einem hinreichend großen Gelände Schlitzwände in den Untergrund ③ gefräst. Der Aushub dient als oberirdische Aufschüttung ⑬. Der ausgefräste Bereich wird anschließend als Auskleidung ⑪ mit Beton aufgefüllt. Sodann wird der Kolben ② als festes Felsmassiv freigeschnitten. Zeigt der Kolben keine hinreichende Festigkeit, werden innerhalb der Einfassung ⑪ durch zusätzliche Armierung der Betonschale und ggf. durch Injektionen weitere Stabilisierungsmaßnahmen vorgenommen und so die Formhaltung herbeigeführt. Der freie Ringspalt ⑥ zwischen Betonauskleidung ⑪ und Kolbenhülle ⑫ wird mit einer U-förmigen Gummi-Membrane ① abgedichtet. So wird der Hochdruck- ④ vom Niederdruckraum ⑤ getrennt. Wird der Kolben mithilfe einer mit alternativ erzeugtem Strom betriebenen Pumpe ⑨ angehoben, wird elektrische Energie als Lagenenergie gespeichert. Wird Strom angefordert, wird der Zulauf des unter hohem Druck stehenden Wassers aus Raum ④ zur Turbine freigegeben, mithin der Kolben ② unter eigenem Gewicht abgesenkt. Das Wasser wird aus dem Hochdruckraum durch die Turbine ⑩ in den Niederdruckbereich ⑤ oberhalb des Kolbens gepresst. Der mit der Turbine gekoppelte Generator ⑰ wandelt die als Lagenenergie gespeicherte Energie wieder in Strom um.

15.4 Der Ringwallspeicher

Ein abgeschlossenes Projekt eines Ringwallspeichers (siehe **Bild 15.5**) scheint es noch nicht zu geben (Stand Mai 2023). Beschrieben wird daher anhand vorhandener Literatur (unter anderem Ingenieurbüro Matthias Popp [41]), wie ein Ringwallspeicher aussehen könnte.

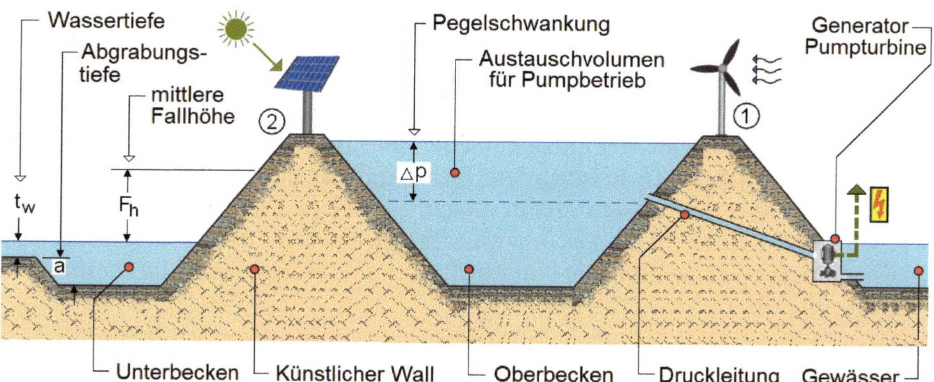

Bild 15.5 Ringwallspeicher-Kraftwerk

Der Speicher könnte dort zum Einsatz kommen, wo natürliche hügelige/bergige Landschaften fehlen, die die Errichtung eines Pumpspeicher-Kraftwerkes, wie in Bild 12.4 dargestellt, zulassen. Ein Ringwallspeicher würde durchaus eine Fläche von 10 km Durchmesser in Anspruch nehmen. Die Höhe des künstlich aufgeschütteten Walles betrüge dann über 200 m, wobei die Pegelschwankung [Δp], die Fallhöhe [F_h] sowie die zuströmende Wassermenge die Energieausbeute beeinflussen. (Zum Vergleich: Die für die Stromerzeugung nutzbare Fallhöhe – die ja die Höhe des Ringwalles beeinflusst – beträgt z. B. beim RWE-Pumpspeicherwerk Herdecke ca. 160 m! [98]). Das Aushubmaterial des Unterbeckens könnte zum Bau des Ringwalles genutzt werden. Um die Anlage wirtschaftlich zu betreiben, müsste zudem eine ausreichende Anzahl z. B. an Windkraft- ① oder Solarenergie-Anlagen ② vorhanden sein, um die für den Pumpbetrieb nötige (alternative!) Energie zur Verfügung zu stellen. Bei diesen Bedingungen wären Leistungen von durchaus ca. 3 Gigawatt erreichbar.

Wie gängiger Literatur zu entnehmen ist, wird sich ein Landschaftsbereich, der größenmäßig diesen Ansprüchen genügt, in Deutschland kaum finden lassen. Interessant ist ein solches Projekt in abgewandelter Form z. B. dort, wo häufig Hochwassergefahren lauern. Hier könnten aus Gründen des Hochwasserschutzes ohnehin geforderte/vorhandene Rückhaltesysteme zugleich als Unterbecken genutzt werden. Die eigentliche Energieerzeugung entspräche in etwa dem Bild 12.4.

16 Geothermie

16.1 Erdwärmepumpen

Ebenso unerschöpflich wie Sonnenenergie ist die in der Erdkruste gespeicherte Erdwärme (siehe Bild 15.2). Weit über 90 % unserer Erdmasse sind heißer als 1 000 °C. Diese Energie stammt größtenteils noch aus der Entstehung der Erde. Im Erdkern herrschen Temperaturen von geschätzten 6 300 °C. In Bergbautiefe (bis 2 km) hat das Erdreich immer noch eine Temperatur von 60 °C (siehe auch Erläuterungen zu Bild 15.1 und Bild 15.2). Die Nutzung dieser Energie bezeichnet man als Geothermie. Einige der Verfahren zur Energiegewinnung durch Geothermie seien nachfolgend vorgestellt. Dies sind insbesondere die oberflächennahe Geothermie und die Tiefengeothermie.

Die Nutzung der geothermischen Energie erfolgt u. a. mithilfe der Wärmepumpen-Technik. Die Funktion einer Wärmepumpe lässt sich am besten anhand des Carnot-Zyklus erläutern. **Bild 16.1** soll den Ablauf des sich ändernden Phasenüberganges des Kältemittels beschreiben.

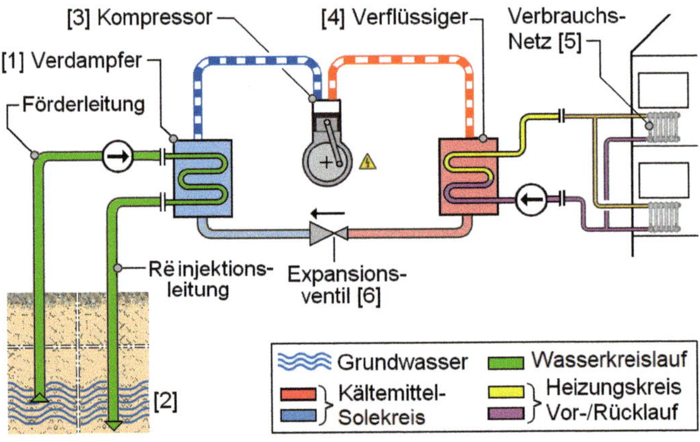

Bild 16.1 Funktionsprinzip einer Wärmepumpe, gezeigt am Beispiel Wärmequelle Grundwasser

Im ersten Schritt des Carnotschen Kreisprozesses findet die isotherme Verdampfung des Kältemittels statt. Das Kältemittel nimmt dabei mittels eines Verdampfers ① Wärme aus der Luft, dem Wasser oder der Erde ② auf und verdampft – die Temperatur des Kältemittels bleibt unverändert, sein Aggregatzustand ändert sich. Selbst geringe Wärmemengen reichen aus, um das flüssige Kältemittel – das einen sehr geringen Siedepunkt aufweist – in den gasförmigen Zustand zu überführen. Im zweiten Schritt des Kreisprozesses wird das gasförmige Kältemittel mithilfe eines Kompressors ③ verdichtet – das Gas erwärmt sich dabei durchaus auf bis zu 60 °C. Im dritten Schritt des Kreisprozesses gelangt das Kältemittelgas in einen Verflüssiger ④, kondensiert und gibt seine (aus der Luft, dem Wasser, der Erde und der Verdichtung gewonnene) Wärme wieder ab – z. B. an ein Heizungssystem ⑤.

Im vierten Schritt erfolgt die isentrope Expansion (Entspannung). Das noch unter hohem Druck stehende flüssige und seiner Kondensationswärme beraubte Kältemittel wird mittels eines Expansionsventils ⑥ wieder auf die Parameter von Schritt Eins gebracht, bevor es erneut dem Verdampfer ① zugeführt wird. Der Kreisprozess ist geschlossen – der Ablauf beginnt von neuem. Grob betrachtet ähnelt der Ablauf dem des Kühlschrankes.

Wie Bild 16.1 zeigt, wird bei einer Wasser-Wärmepumpe mit einer Saug-Pumpe über eine vertikale Erdbohrung „warmes" Grundwasser (ganzjährig um die 10 °C) an die Erdoberfläche gefördert, seiner Energie beraubt und über eine zweite Bohrung wieder in das Erdreich zurückgepumpt. Sowohl die Förder- als auch die Reinjektionsbohrung müssen mit großer Erfahrung ausgeführt werden. Ansonsten besteht die Gefahr, dass durch die Bohrungen Umweltschäden begünstigt werden können. So kann im Zuge der Bohrarbeiten z. B. eine Verbindung zwischen dem Grundwasser und einer darüberliegenden Gipskeuperschicht entstehen. In einem solchen Fall wird sich in diese Schicht eingelagerter Anhydrit ($CaSO_4$) infolge eines Wassereinbruches zu Gips umwandeln. Dann kann das Volumen der Gipsschicht erheblich an Umfang zunehmen, was sich im Extremfall auch auf die Gelände-Struktur an der Erdoberfläche auswirkt – es kann zu Hebungsrissen kommen. Auch eine ungünstige Beeinträchtigung des Grundwassers mit Schadstoffen ist nicht auszuschließen [190].

Erdwärmepumpen (**Bild 16.2**, großes Bild) nutzen als Wärmequelle das Erdreich, das ganzjährig durch die Sonneneinstrahlung erwärmt wird. In diesem Fall werden meist Flächenkollektoren – vergleichbar einer Fußbodenheizung – 1,20 bis 1,50 Meter tief horizontal in mehreren Schleifen verlegt und entziehen dem Erdreich die Wärme. Aber auch Erdwärmesonden (siehe Abschnitt 16.2), Erdwärmekörbe und Grabensonden kommen zum Einsatz.

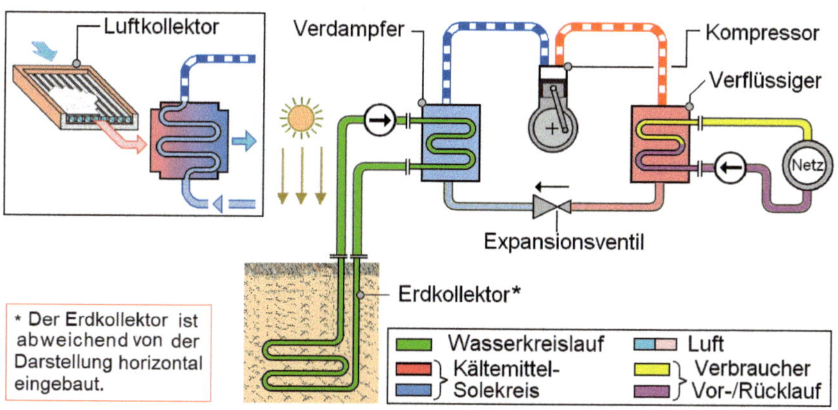

Bild 16.2 Prinzip einer Erdwärmepumpe, ergänzt durch die Darstellung eines Luftkollektors (kleines Bild)

Bei einem anderen Verfahren wird als Wärmequelle die Luft genutzt (Luft-Wärmepumpe). In Bild 16.2, kleines Bild (siehe auch Bild 3.1 B), ist ein Luftkollektor einer Solarthermieanlage zu sehen. Die Sonnenstrahlen erwärmen die mit Luft gefüllten Röhren in diesem Kollektor, der meist auf dem Dach angebracht ist, und die warme Luft wird durch Rohrleitungen zur Wärmepumpe geführt. Eine andere, häufiger verwendete Methode besteht darin, dass die Wärmepumpe in eine Innen- und eine Außeneinheit aufgeteilt wird (Splitbauweise) und die Außeneinheit die Umgebungsluft direkt ansaugt.

Die mittlerweile häufigste Art der Wärmepumpe nutzt Luft als Wärmequelle. Meist wird eine Wärmepumpe in Splitbauweise verwendet, bei der eine Außeneinheit die Umgebungsluft ansaugt. Die Inneneinheit befindet sich im Gebäude. Möglich, aber weniger verbreitet, ist die Variante, Luftkollektoren einer Solarthermieanlage zu nutzen, um warme Luft per Rohrleitung der Wärmepumpe zuzuführen (siehe auch Bild 3.1 B).

Ein neues Projekt, eine „Flusswärmepumpe“, verfolgt die Fa. Grosskraftwerk Mannheim AG im Auftrag von MVV. Eine Tauscherheizfläche, die in einem vom Rhein gespeisten Wassereinlaufbecken installiert ist, entnimmt dem Rhein die Wärmeenergie. Nach Beschreibung [192] wird das Rheinwasser im Sommer bis zu 25 °C warm, im Winter werden nur 5 °C erreicht. Das dem Rhein entnommene Flusswasser wird um ca. 5 °C abgekühlt.

16.2 Die Erdwärmesonde

Geothermiewärme kann auch über Erdwärmesonden gewonnen werden. Im oberflächennahen Bereich (bei etwa 50 bis 100 m) wird ein Schutzrohr in das Erdreich eingebracht – in dieses wird eine Rohrschleife, wie dies **Bild 16.3** zeigt, eingebaut.

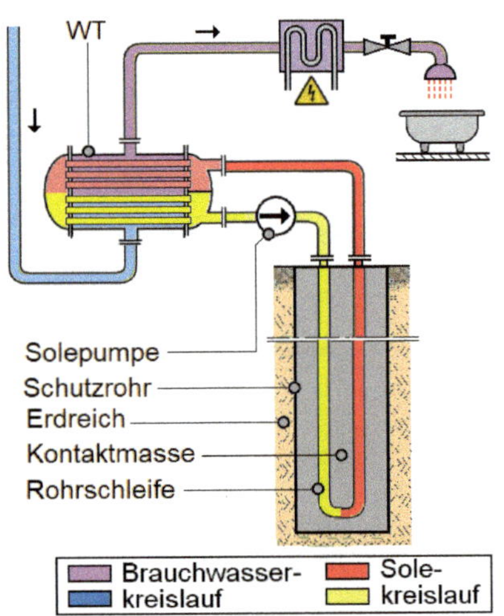

Bild 16.3 Erdwärmesonde – oberflächennahe Geothermie

Um den Kontakt zwischen umgebendem Erdreich und dem Sondensystem herzustellen, ist der Raum zwischen Schutzrohr und Rohrschleife mit einer Kontaktmasse ausgefüllt. Die eingebettete Schleife wird von Sole (meist Wasser mit Frostschutzmittel) durchflossen. Die Wärmeabgabe der Erdwärme an das sekundärseitige Warmwassernetz erfolgt mittels Wärmetauscher [WT].

Die bei diesem Verfahren erreichbaren Endtemperaturen (ca. 20 °C) lassen nur eine Verwendung zur Brauchwassererzeugung, ggf. mit Zusatzheizung ⚠ oder Wärmepumpe zu.

Die oberflächenferne Energie-Ausbeute im Erdinnern führt zum Geothermie-Kraftwerk nach Abschnitt 16.3.

16.3 Geothermie-Kraftwerke

Für die oberflächenferne Tiefen-Geothermie kommen einerseits hydrothermale Systeme zum Einsatz, die die in tiefen Erdschichten enthaltene Tiefenwärme aus Wasser-/Dampfblasen zur Energiegewinnung nutzen. Zum anderen sind dies petrothermale Anlagen, die Wärme aus heißem Tiefengestein nutzen.

Bei Tiefen von durchaus 2 000 m wird ein Doppelrohr ① in das hoch temperierte Gestein ② getrieben (**Bild 16.4**). Durch das äußere Rohr wird das in einem Wärmetauscher ⑤ abgekühlte Wasser ③ in die Tiefe gefördert, auf seinem Weg in die Tiefe erhitzt und im inneren Rohr ④ zurück an die Oberfläche transportiert. Hier wird das Heißwasser mittels des Tauschers ⑤ in einem Sekundärkreis 1 : 1 wiederum in Heißwasser überführt. Da das Sekundärsystem geschlossen ist und unter hohem Druck arbeitet, ändert dieses Heißwasser erst unmittelbar vor der Turbine ⑥ mit gekoppeltem Generator ⑦ in einem Entspannungsventil ⑧ seinen Aggregatzustand zu HD-Dampf (Flash-Verdampfung). Es besteht keine direkte Verbindung zum Grundwasser.

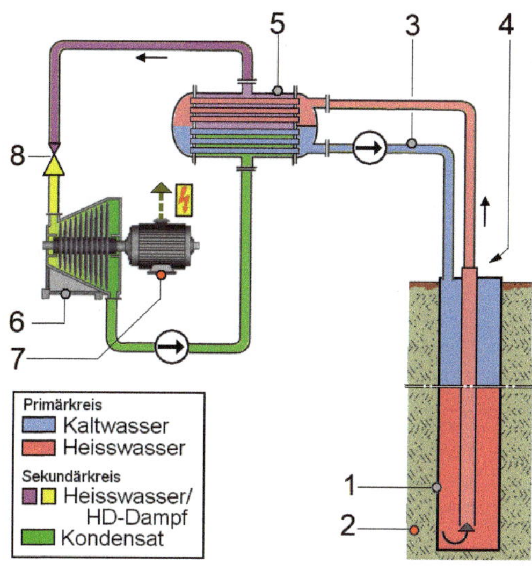

Bild 16.4 Tiefen-Geothermie

Unter anderem dann, wenn in einem Gebiet Vulkanismus zu beobachten ist und/oder Magma recht nahe an die Oberfläche gelangt, sind in Tiefen von weniger als 2 000 m Wasser- oder Dampfblasen mit Temperaturen von auch mehr als 200 °C anzutreffen (Hochenthalpie-Lagerstätten).

ⓘ *Heißes Wasser steht in einem geschlossenen Gefäß unter Siedeverzug, wird also unter Druck daran gehindert, zu verdampfen. Bei der* ***Flash-Verdampfung*** *wird dieses heiße Wasser nicht mittels Wärmetauscher 1 : 1 in Dampf verwandelt. Vielmehr wird die Verdampfung herbeigeführt, indem am Austritt eines Entspannungsventiles das Wasser mit dem im Gefäß herrschenden Überdruck in einen Bereich niedrigeren Druckes abgeleitet wird. Nunmehr ist die Siedetemperatur der Flüssigkeit höher als der eigentlich erforderliche Sattdampfdruck – die (nun überhitzte) Flüssigkeit verdampft.*

16.3.1 Hydrothermale Systeme

Dort, wo die physikalischen Gegebenheiten es zulassen, wo also Magma bis nahe an die Oberfläche gelangt, wird Grundwasser – häufig in einer alten gefluteten Magmakammer gesammelt – bis in den hoch temperierten, teils dampfförmigen Aggregatzustand erhitzt (Bild 16.5).

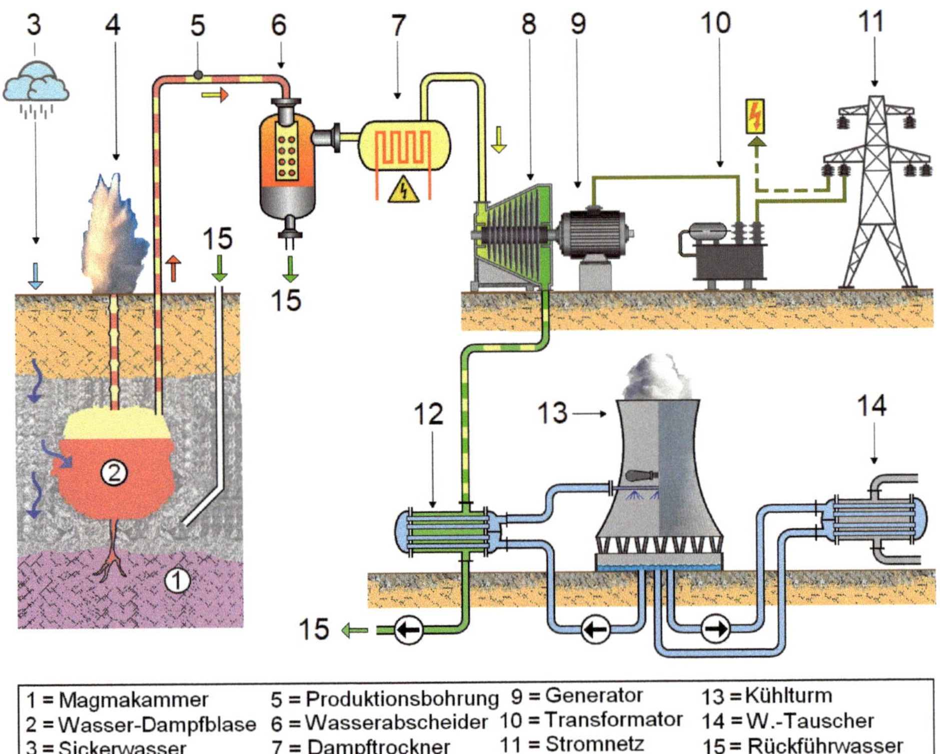

Bild 16.5 Geysir-Hydrothermie-Kraftwerk

Aufgrund der Druck- und Temperaturverhältnisse ist der Erdmantel fließfähig. Daher kommt es zwischen Erdkruste und Erdkern zu einer Materialzirkulation. Das heißt, heißes Material steigt im Erdmantel nach oben (Vulkanismus kann die Folge sein), während abgekühltes, also schwereres Material absinkt [99].

Als Folge der beschriebenen Konvektion des Erdmantels infolge der thermischen Auftriebskräfte bewegen sich an der Erdoberfläche die tektonischen Kontinentalplatten. Vorrangig ist hier die Vulkan-Insel Island zu nennen. Sie liegt über der tektonischen nordamerikanischen und europäischen Platte. An den Plattengrenzen dringt Magma nach oben und erwärmt das Grundwasser auf bis zu 300 °C. Das daher unter hohem Druck stehende Wasser-Dampf-Gemisch (Fluid) wird aufgrund seines Eigen-(Siede-)druckes ohne Pumpe zur Oberfläche gedrückt und von hier in ein Kraftwerk abgeleitet. Dort werden in einem Wasserabscheider ⑥ Dampf und Wasser getrennt. Der Dampf beaufschlagt nach seiner Trocknung ⑦ eine

Turbine mit nachgeschaltetem Generator – die geothermale Energie wird in Strom umgewandelt. Nach Ableistung seiner Volumenarbeit wird der entspannte Dampf in einem Kondensatkühler ⑫ verflüssigt und anschließend wieder in den Untergrund zurückgeführt ⑮. Da das Dampf-Wasser-Gemisch u. U. aus verschiedenen Brunnen mit unterschiedlichen Druck-/Temperatur-Zuständen entnommen wird, erfolgt die Aufbereitung des Gemisches ⑤/⑥ und Beaufschlagung der Turbine ggf. mehrstufig. Die elektrische Leistung z. B. des Kraftwerkes Hellisheiðe/Island beträgt ca. 300 MW, als thermische Leistung für ein Fernwärmenetz können weitere 400 MW genutzt werden. Das Wasser-Dampfgemisch wird in diesem Geysirfeld aus 30 Brunnen von bis zu 3 000 m Tiefe gewonnen [52].

*ⓘ **Geysire** (heiße Quellen) kommen nur in vulkanischen Gebieten vor. Voraussetzung ist das Vorhandensein einer unterirdischen thermalen Quelle (einer sog. Magmakammer) sowie eine ständige (Grund-) Wasserzufuhr. Besteht ein Eruptionskanal aus diesem durch das Magma beheizten Wasser-Reservoir zur Erdoberfläche, entsteht ein Geysir. Dieser wird mit dem über seine Siedetemperatur beheizten heißen Wasser des Reservoirs gespeist – an der Erdoberfläche schießt das Wasser-Dampf-Gemisch in regelmäßigen Intervallen als Fontäne in die Luft.*

*Die Magmakammern liefern allerdings nicht nur Wärmeenergie zum „Betrieb" eines „echten" Geysirs, sondern reichern auch kaltes Grundwasser mit CO_2 an. Bei Sättigung sprudelt ein Wasser-CO_2-Gemisch als **Kaltwassergeysir** an die Erdoberfläche. Zum einen findet dieses Gas Anwendung z. B. zur Herstellung von Mineralwässern. Zum anderen beflügelt es leider aber auch den Klimawandel.*

Welch erheblichen Einfluss Tiefenbohrungen auf das Gleichgewicht im Erdinneren haben können, zeigen Erfahrungen bei Projekten in verschiedenen Geothermie-Kraftwerken [189]. Vielfach wurde anfänglich den Geothermiefeldern durch Tiefenbohrungen mehr Dampf bzw. Heißwasser (mit Flash-Verdampfung) zum Betrieb der Kraftwerke entnommen als auf natürlichem Weg (Oberflächen-/Grundwässer/Quellen) ergänzt werden konnte. Zudem konnte der entnommene Dampf nach Ableistung von Arbeit/seiner Entspannung in der Dampfturbine nicht in ausreichender Menge abgekühlt und als Kondensat wieder in das Feld rückgespeist werden. Dies führte dazu, dass weniger Wasser in das Geothermiefeld zurückgeführt denn als Dampf oder Heißwasser entnommen wurde. Langfristig sank so die zur Entnahme zur Verfügung stehende Dampf-/Heißwassermenge zwecks Stromerzeugung so weit ab, dass die Kraftwerke unwirtschaftlich wurden. Das Problem konnte behoben werden, indem Fremdwasser in das Feld gepumpt wurde, um die Dampfentnahmeleistung wieder steigern zu können [61]. Wird der entnommene Dampf nicht als Wasser in das Geothermiefeld zurückgeführt, verbleiben also Hohlräume im Erdinnern, kann es zu Landabsenkungen an der Erdoberfläche kommen. Die Presse und Literatur beschreiben sogar die Möglichkeit von Erdbeben [123]. Wie Presseberichten zu entnehmen ist, werden Verfahren erprobt, um im Zuge der weiteren Behandlung des in einer Geothermie-Anlage geförderten heißen Tiefenwassers Lithium als Chlorid (LiCl), Karbonat (Li_2CO_3) oder Hydroxid (LiOH) zu gewinnen [89]. Der Rohstoff wird in chemischen Verfahren dem aus der Turbine kommenden abgekühlten Kondensatwasser entnommen, ehe das Wasser über eine Reinjektionsbohrung ins Gebirge zurückgeführt wird – hinsichtlich des Bedarfs an Lithium siehe Kapitel 20 (Kernenergie) und Abschnitt 22.1. (Batterie-/Akkufertigung).

16.3.2 Petrothermale Systeme

Sind zwar hohe Temperaturen, aber kein entsprechend heißer Wasser-/Dampfspeicher im Erdreich vorhanden, so kann das sog. HDR-Verfahren (Hot-Dry-Rock) zum Einsatz kommen – siehe **Bild 16.6** [51] [86]. Bei diesem Prozess wird mittels Pumpe ① Presswasser mit einem Druck von ca. 90 bar über eine Bohrung ② in heißes Gestein verpresst mit der Absicht, im Untergrund ein Rissfeld ③ aufzubrechen, in dem das Presswasser zirkulieren und sich erhitzen kann. Über eine zweite Bohrung ⑤ wird das nun heiße Wasser unter eigenem (Dampf-) Druck (denkbar sind bei einer Bohrtiefe von bis zu 5 000 m Temperaturen von durchaus 200 °C – siehe Bild 15.2) an die Erdoberfläche gefördert und zur Stromerzeugung mit ⑧/⑨ genutzt. Das Gestein kühlt sich bei diesem Verfahren dauerhaft ab – die Energieausbeute des Rissfeldes wird mithin ständig geringer. Man spricht auch beim Hot-Dry-Rock-Verfahren von Fracking – der Vergleich mit dem Vorgang, der zur sog. „unkonventionellen" Gasausbeute von z. B. Schiefergasen bei Tiefenbohrungen führt (siehe Kapitel 8 nebst Erläuterung zu Bild 8.1), ist jedoch nicht zwingend. Sowohl das eingepresste Wasser als auch das geförderte heiße Wasser sind chemisch nicht behandelt.

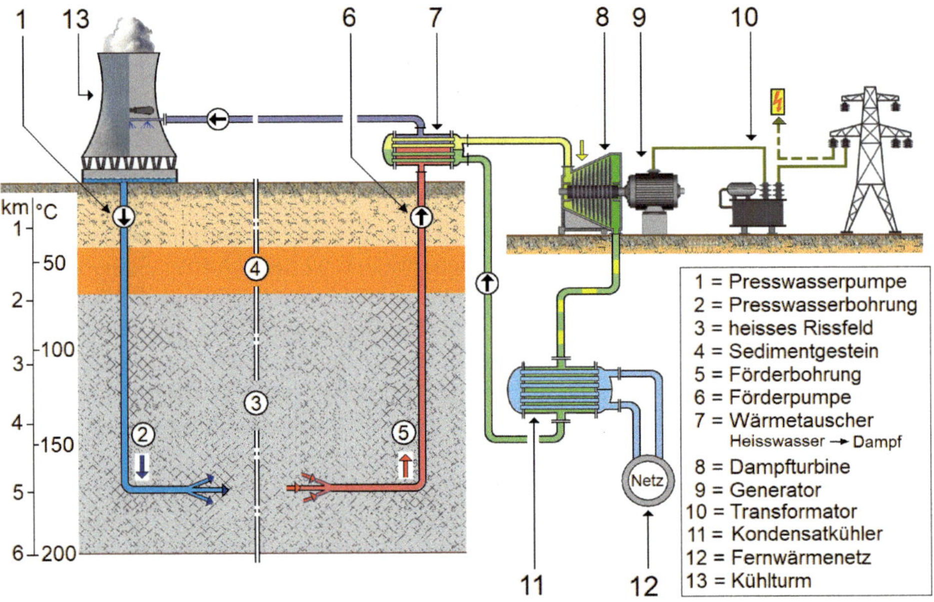

Bild 16.6 Petrothermale Tiefengeothermie (Hot-Dry-Rock-Verfahren)

17 Dish-Stirling-System

Wie bei den in Kapitel 2 beschriebenen Sonnenwärme-Kraftwerken werden auch beim nachfolgend erläuterten Dish-Stirling-System – siehe **Bild 17.1** [47] [81] – die Sonnenstrahlen mithilfe von Spiegeln aufgenommen. Bei den in Bild 2.1 und Bild 2.3 vorgestellten Kraftwerken wird die gewonnene Energie in Behältern mit Trägermedium (meist Salzsole) in einem Sole-/Wasser-Kreislauf zwischengelagert. Erst bei Bedarf wird die Speicherwärme in einem Sole-/Wasser-Tauscher zu Wasserdampf umgewandelt. Dieser erzeugt bedarfsgerecht in einem Generator Strom.

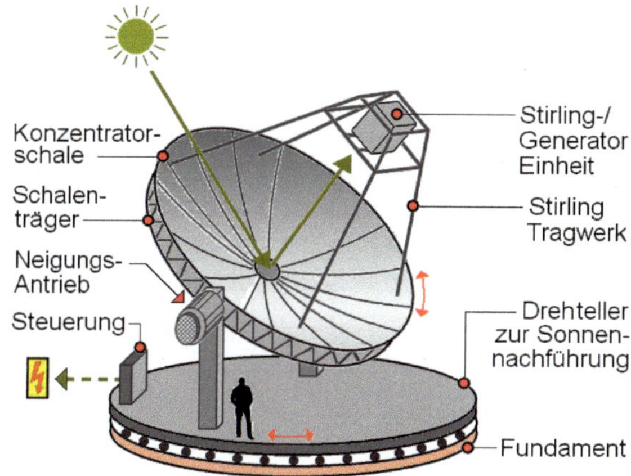

Bild 17.1 Dish-Stirling-System (Prinzipskizze)

Beim Dish-Stirling-System hingegen wird die Sonnenenergie unmittelbar in Strom umgewandelt. Hauptbestandteil ist die als Schüssel ausgebildete Konzentratorschale (durchaus mit einem Durchmesser von 10 m). Sie fängt die einfallende Sonnen-/Strahlungsenergie auf und leitet sie an einen im Brennpunkt der Schale angeordneten Receiver (Strahlenempfänger) weiter. Dieser fängt die Strahlungsenergie ein und führt sie einem Heißgas-Stirlingmotor zu, der wiederum die thermische in mechanische Energie umwandelt. Ein mit dem Stirlingmotor gekoppelter Generator erzeugt nunmehr Strom. Da die Sonnenenergie als direkte Strahlung genutzt wird, muss die Konzentratorschale mit der mit ihr verbundenen Receiver-/Stirling-Motor-Generator-Einheit dem Stand der Sonne nachgeführt werden. Dies geschieht mittels eines Azimut- bzw. Elevations-Antriebes. Aufgrund dieses mehrachsigen Stellantriebes ist die optimale Ausrichtung des Systems über die gesamten Sonnenstunden hinweg möglich und damit eine hohe Energieausbeute gegeben. Beim Dish-Stirling-System ist jedem Spiegel „seine“ Receivereinheit zugeordnet. Damit kann die Aufstellung freizügiger gehandhabt werden als z. B. beim Solarturm-Verfahren, bei dem alle Spiegel um einen Turm geschart/ausgerichtet werden müssen. Wie [47] zu entnehmen ist, benutzt ein Dish-Stirling-System Helium als Heißgas. Üblich sind Drücke von 150 bar bei Gastemperaturen von 650 °C.

Bei diesen Bedingungen wird in jeder Schüssel-Receiver-Einheit eine elektrische Leistung von bis zu 10 kW erreicht. An der Kurbelwelle des Motors ist ein Generator angeflanscht, der den erzeugten Strom unmittelbar ins Netz einspeist. Zu Beginn der 1980er Jahre wurden in den USA die ersten Anlagen in Betrieb genommen. In Deutschland werden - soweit bekannt - seit 1984 Dish-Stirling-Systeme entwickelt.

ⓘ *Der* ***Stirling-Motor*** *selbst* ***(Bild 17.2)*** *besteht zumindest aus zwei abgeschlossenen Zylindern. Innerhalb des Zylinders 1 wird ein Medium, meist Helium, erhitzt und es dehnt sich aus. Im hier besprochenen Dish-Stirling-Verfahren erfolgt die Beheizung mittels des Parabolspiegels/der Sonneneinstrahlung. Infolge der Gasausdehnung bewegt sich Kolben 1 und treibt das Schwungrad an. Währenddessen wird das Gas in Zylinder 2 gekühlt . Infolge der Temperaturänderung innerhalb der Zylinder kommt es, da beide Zylinder über Rohrleitungen und den Regenerator miteinander verbunden sind, zwischen beiden Zylindern zyklisch zur Expansion bzw. Kompression des Gases. Über ein Kurbel-Schwungrad wird die oszillierende Kolbenbewegung in eine Drehbewegung umgesetzt. Ein angeschlossener Generator erzeugt elektrische Energie.*

Die Rückkühlung des Stirling-Motor-Kühlwassers erfolgt im geschlossenen Kreislauf mittels einer Umwälzpumpe durch einen Wasser-Luftkühler. Der Gasdruck innerhalb des Motors kann durchaus 150 bar betragen. Der erwähnte Regenerator ist ein Kurzzeit-Wärmespeicher, der abwechselnd, meist mittels einer porösen Stein-Speichermasse, Energie aufnimmt und abgibt [104].

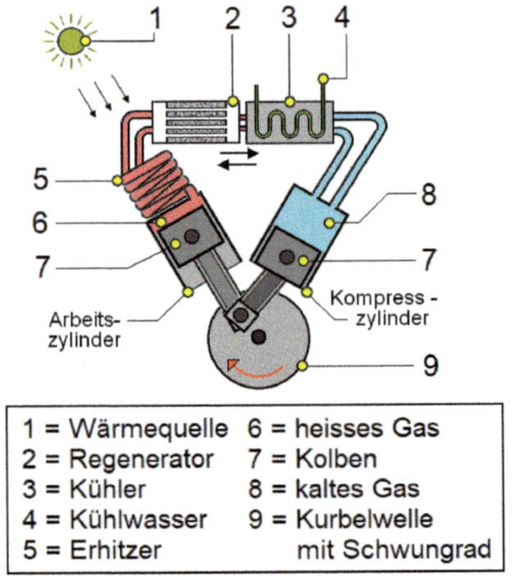

Bild 17.2 Stirling-Motor

18 Der Elastomer-Generator

Noch im Entwicklungsstadium ist die Stromgewinnung mithilfe eines sog. elastomeren Generators, wie ihn **Bild 18.1** schematisch darstellt [44] [122]. Hierzu wird am Meeresboden eine Boje (Reaktorgefäß + Schwimmerkörper) verankert. Durch die auf den Schwimmer einwirkenden Wellen werden mechanische Kräfte auf die im Reaktor befindlichen Energiewandler übertragen. Diese bestehen aus zwei elektrisch leitenden Schichten (Elektroden), in die eine isolierende dehnbare Silikonschicht (Elastomer-Dielektrikum) eingebettet ist.

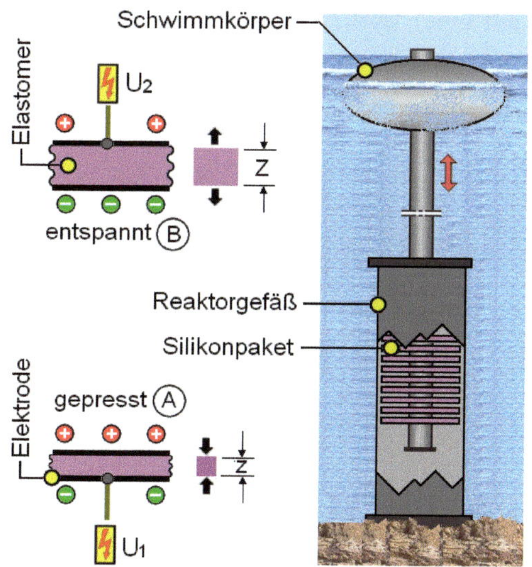

Bild 18.1 Elastomer-Generator

Die Konstruktion entspricht in etwa dem Plattenkondensator (siehe Bild 22.8). Wird der Schwimmer durch eine auflaufende Welle angehoben (⬆), werden die im Reaktor eingebauten elastischen Silikonpakete zusammengepresst (Zustand A) – mithin nimmt der Abstand [*z*] der beiden Elektroden ab. Sinkt im nächsten Wellental der Schwimmer wieder ab (↕), entspannt sich die Silikonschicht (⬇), dehnt sich aus und die beiden Elektroden entfernen sich wieder voneinander (Zustand B). Wird an die Elektroden eine elektrische Spannung angelegt, wird eine der Elektroden positiv, die andere negativ geladen. Bei Abstandsänderungen ändert sich auch der Ladungszustand der beiden Elektroden, also auch die elektrische Energie, wobei die anfänglich aufgewendete Energie [U_1] kleiner ist als der Energiegewinn [U_2] – [97].

19 Der Brandl-Generator

Der folgend beschriebene Brandl-Generator (**Bild 19.1**) basiert auf dem gleichen Prinzip wie das von Bild 12.19. Er besteht aus einem Schwimmkörper (den Veröffentlichungen [39] zufolge mit 10 m Durchmesser und 1 m Dicke), an dem unten ein zylindrisches Schutzrohr und oben eine Spule ① befestigt ist. In dem Rohr gleitet ein Stab mit einem Dauermagneten ② am oberen Ende auf und ab. Bei seiner schwingenden Auf- und Abwärts-Bewegung infolge des Wellenganges wird der Magnet, gedämpft durch eine Feder mit Gegengewicht, an der Spule entlanggeführt. Der so induzierte Strom wird mittels Stromkabel an Land weitergeleitet. Anlagen mit einer Hydraulik anstelle der Federdämpfung sind als Hybrid-Kraftwerk bekannt geworden.

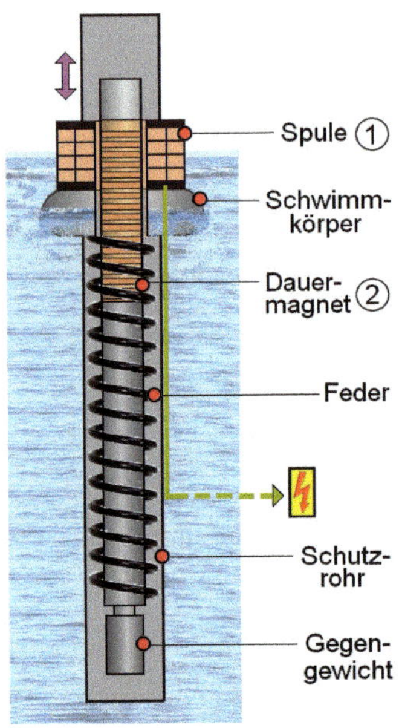

Bild 19.1 Brandl-Generator

20 Kernenergie

Die Beschreibung der fossilfreien Energieerzeugung wäre unvollständig, ließe man die Kernenergie unberücksichtigt.

Doch was ist Kernenergie? Es gibt zwei Verfahren, sich die Kernenergie zunutze zu machen. Zum einen ist dies die später besprochene Fusionstechnik, zum anderen die zurzeit noch angewandte, hier der Vollständigkeit halber dargestellte Fissions-Kern-(Spaltungs-)technik.

20.1 Fissions-Kerntechnik

Die Kernspaltung im Fissions-Reaktor kommt in Gang, sobald ein Neutron auf ein Uran-Atom trifft, wobei die erste Kettenreaktion durch eine externe Neutronenquelle angestoßen werden muss. Der Uran-235-Kern nimmt ein Neutron auf, wodurch das instabile Isotop Uran-236 entsteht (siehe Bild 20.5 A). Dieser Kern zerfällt unter Energieabgabe in kleinere Spaltfragmente, sog. „Trümmerkerne" (Tk) wie zum Beispiel Barium oder Krypton sowie mehrere Neutronen [n]. Diese Neutronen werden mit hoher Geschwindigkeit aus dem Urankern gespalten (Kernspaltung). Treffen sie mit der richtigen Geschwindigkeit auf einen weiteren Uran-235-Kern, wird dieser wiederum zu Uran-236 umgebaut und die Kettenreaktion setzt sich fort. Uran-235 kann allerdings nur langsame Neutronen einfangen. Daher werden die Neutronen, um die Trefferquote zu verbessern, mittels eines „Moderators" (im Primär-Kühlwasser und in Steuerstäben enthaltener Neutronenabsorber, z. B. Borsäure) abgebremst [31]. Wird die Kettenreaktion nicht beeinflusst, so spricht man von einer ungesteuerten Kettenreaktion, wie sie bei Atombomben abläuft. Bild 20.5 A veranschaulicht den Vorgang der Kernspaltung, wobei die Entstehung der Spaltfragmente (hier Barium und Krypton) variabel ist. Entstehen können durch freie Neutronen auch Ionen von Plutonium, Jod, Xenon, Tellur, Cäsium, Strontium und andere, wobei Uran und Plutonium die energiereichsten Ausgangsstoffe für die Kernspaltung sind. Einige der Fragmente haben nützliche Eigenschaften und werden im Zuge der Entsorgung/Aufarbeitung der Brennstäbe geborgen. Andere können durch Transmutation entsorgt werden. Die Kernspaltungs-Energie von 1 kg Uran beträgt ca. das 290 000-Fache der Energie, die bei der Verbrennung von 1 kg Steinkohle erzeugt wird [168] – siehe Bild 1.2. Die bei der Kernspaltung eines schweren Atoms (z. B. von U-235) freiwerdende Energie entspricht der Differenz zwischen der Kern-Bindungsenergie des ursprünglichen Kernes und der der beiden aufgespaltenen „Trümmerkerne" [170]. Die Bindungsenergie (in der konventionellen Physik und Chemie würde man diese Kraft vielleicht mit der „Kohäsionskraft" vergleichen) wird als kinetische Energie freigesetzt, die im Kernreaktor zu thermischer Energie umgewandelt wird und ihrerseits im Dampfkraftwerk mithilfe einer Turbine zur Erzeugung elektrischer Energie genutzt wird. Neben der gewollten Bindungsenergie wird allerdings auch jene radioaktive Strahlung frei, die für Menschen, Flora und Fauna gefährlich ist.

Wie gefährlich die Kernspaltung ist, beweisen einige schwerwiegende Unfälle. Sie waren für die Bundesregierung der Grund, die Energiewende einzuleiten. Ziel ist es, bis 2045 die benötigte Energie klimaneutral aus Wind- und Wasserkraft sowie Geothermie und Sonnenenergie zu gewinnen. Natürlich hat diese Entscheidung auch Kritik hervorgerufen. Zahlreiche Befürworter halten die Kernenergie nach wie vor für unverzichtbar.

Es wurde eine Vielzahl von Vorteilen beim Betrieb eines Fissions-Kernkraftwerkes ins Feld geführt, als da wären:

- Atomstrom ist 24 Stunden am Tag verzögerungs- und unterbrechungsfrei verfügbar.
- Die Verbrennung von Kohle, Erdöl oder Erdgas verursacht Kohlendioxid-Emissionen, nicht so die Kernenergie. Das Klima/die Luft werden durch den Betrieb eines Kernkraftwerkes nicht belastet.

Diese Aussage ist zu hinterfragen.

Wie **Bild 20.1** zu entnehmen ist, fällt auch bei der Erzeugung von Atomstrom Kohlendioxid an, sofern man den gesamten Lebenslauf eines Kernreaktors vom Abbau des Elementes Uran über die Herstellung der Brennelemente, den Bau des Kraftwerkes, seine Wartung und den Rückbau nach Betriebsende betrachtet. Folgt man der Literatur [155], so bewegen sich Schätzungen für die Treibhausgas-Emissionen der Kernkraftwerke zwischen 3,7 und 110 Gramm CO_2 pro Kilowattstunde Strom, wobei das CO_2, das bei der Endlagerung der radioaktiven Anlagenteile und Brennelemente entsteht, noch gar nicht berücksichtigt ist [154].

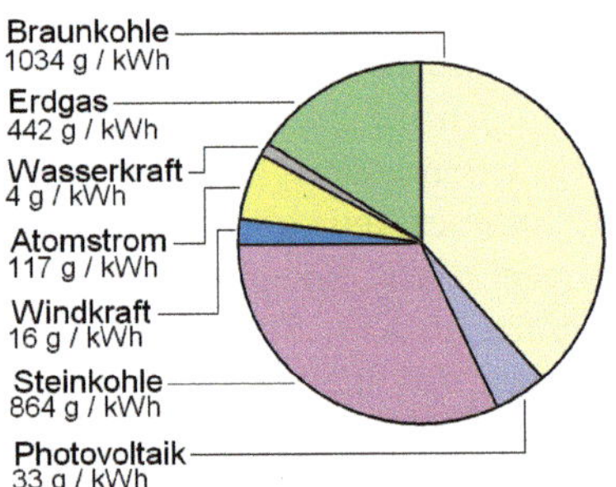

Bild 20.1 CO_2-Emissionen einzelner Energieträger [154]

Zum Vergleich: Fossile Energieträger kommen auf bis zu 700 g/kWh. Für das Jahr 2020 wurden im Strommix 366 g CO_2 pro kWh emittiert [153] – siehe auch Bild 1.2. Dem Betrieb eines nach dem Fissionsprinzip betriebenen Kernkraftwerkes steht zudem eine Reihe schwerwiegender Nachteile gegenüber:

- Die Havarie in einem Kernkraftwerk hat sehr viel schwerwiegendere Folgen als der Schaden in einem konventionell betriebenen Kraftwerk.
- Die Stilllegung und der Abriss eines Kernkraftwerkes dauern Jahre und sind sehr kostenintensiv.
- Die Entsorgung der radioaktiven Abfälle bei Betrieb/Abriss ist sehr aufwendig. Bis die Strahlung der radioaktiven Abfälle in einem Endlager abgeklungen ist, vergehen aufgrund der Halbwertzeiten (**Bild 20.2**) ggf. viele Jahrhunderte.

Chemisches Symbol	Name	Z-Zahl	Halbwertzeit	Bemerkung
Gängige Reaktionsstoffe bei der Kernspaltung (Fissions-Kraftwerk)				
Pu 293	Plutonium	94	24110 Jahre	Entsteht im Fissions-Kernreaktor aus U 239 durch Aufnahme eines Neutrons zu Pu 238
U 238 U 235	Uran Uran	92	4,468 Mrd. Jahre 704 Mio. Jahre	Kernbrennstoff im Fissions-Reaktor U kommt nicht rein vor, sondern nur in Verbindung mit Oxiden/Silikaten
Gängige Reaktionsstoffe bei der Kernschmelze (Fusions-Kraftwerk)				
3H [T]	Tritium	1	12,36 Jahre	Radioaktives Isotop des Wasserstoffs Brennstoff im Fusionsreaktor erbrütet mit Hilfe der bei der Fusion erzeugten Neutronen aus Lithium
2H D_2O [D]	Deuterium	1	nicht radioaktiv, also kein Zerfall stabil	Isotop des Wasserstoffs Kernbrennstoff im Fusionsreaktor D + T können auch als Neutronenquelle bei Fissions-Reaktoren eingesetzt werden

Bild 20.2 Halbwertzeiten

ⓘ *Nach Abschaltung der letzten drei deutschen Atomkraftwerke gibt es erste Prognosen hinsichtlich des anfallenden Atommülls. So werden ca. 11 000 t/27 000 m³ hochradioaktive bzw. wärmeentwickelnde Abfälle (sie bestehen in erster Linie aus abgebrannten Brennelementen) anfallen. Diese müssen in einem besonderen Endlager entsorgt werden. Ihr mengenmäßiges Volumen beträgt zwar nur 5 % des anfallenden Gesamtmülls, ihre Radioaktivität beträgt jedoch 99 % der Gesamtradioaktivität* [229].

Die nach der Entnahme aus dem Reaktor-Core immer noch bis 500 °C heißen Brennstäbe werden in sog. Castor-Behälter eingeschlossen und bis zum Transport in das Endlager zwischengelagert. Die restlichen 95 % des Atommülls bestehen aus schwach- und mittelradioaktivem Material und betragen weitere ca. 620 000 m³ – ihre Strahlungsintensität beträgt jedoch nur 1 %. Für diese Abfälle ist die Schachtanlage Konrad vorgesehen – diese soll im Jahr 2027 ihren Betrieb aufnehmen.

ⓘ *Als* **Halbwertzeit** *wird im Zusammenhang mit Radioaktivität/in der Kerntechnik jene Zeitspanne definiert, in der ein radioaktives Isotop die Hälfte seiner ursprünglichen Menge, also auch die Hälfte seiner Radioaktivität, durch seinen radioaktiven Zerfall verloren hat. Der Literatur entnommen sind die in Bild 20.2 enthaltenen Werte für die Halbwertzeit* [12].

Doch nicht nur in der Kerntechnik fallen radioaktive Abfallstoffe an – auch z. B. im medizinischen, industriellen und Forschungs-Bereich finden sich solche Abfälle. Zu unterscheiden sind hochradioaktive, mittelradioaktive und schwachradioaktive Abfälle. Diese Stoffe sind so lange gefährlich, bis sie in andere, nicht radioaktive Stoffe zerfallen sind. Am problematischsten ist der hochradioaktive Atommüll, wie ihn die Brennstäbe der Kernkraftwerke darstellen. Insbesondere die Entsorgung dieser hochradioaktiven Spaltprodukte führt zu den Problemen bei der Lagerung bis zum Abklingen ihrer Aktivität sowohl wegen ihrer Strahlung als auch wegen der mit dieser einhergehenden Wärmeentwicklung infolge des radioaktiven Zerfalles. Die Halbwertzeiten o. g. Stoffe zeigen, dass das lange dauert.

Gesucht wird in Deutschland seit Jahren ein tektonisch sicheres Endlager u. a. tief unter der Erdoberfläche. Zu beachten ist, dass mit zunehmender Tiefe die Temperatur des Wirtsgesteins zunimmt – zusätzlich entsteht ein Temperaturanstieg durch die Zerfallsenergie. Beide Gegebenheiten beeinflussen die Lagerung der Entsorgungsbehälter. Ferner muss das Gebiet erdbebensicher sein, ohne Verbindung zum Grundwasser und möglichst in einer unbewohnten Gegend liegen.

Es laufen Forschungen zur Verkürzung der Halbwertzeiten, ja sogar zur Weiterverwendung einiger radioaktiver Stoffe durch Umwandlung durch chemische und physikalische Verfahren – ***Transmutation.*** *Hierzu müssen die Endlager aber zur Durchführung entsprechender Techniken rückholbar gestaltet werden.*

Zudem arbeitet man an der Errichtung und dem Betrieb von Generation-IV-Reaktoren (siehe Abschnitt 20.2).

Die **Ordnungszahl**, auch **Z-Zahl** genannt, gibt an, an welcher Stelle des Periodensystems ein Element zu finden ist. Diese Stelle entspricht der Anzahl der Protonen im Atomkern.

Bei U-235 sind dies 92 Protonen und 143 Neutronen/$\Sigma = 235$.

ⓘ *Beim Vorgang der* ***Transmutation*** *(Umwandlung) sollen toxische/strahlende Atomkerne in Stoffe mit niedrigeren Halbwertzeiten und geringerer Toxizität umgewandelt/unschädlich gemacht werden. So soll die bislang fast nicht absehbare Zerfallszeit einiger hochradioaktiver Stoffe für die Endlagerung stark verkürzt, nukleare Reststoffe sogar für eine Wiederverwendung vorbereitet werden* [208].

ⓘ *Unter* ***Taxonomie*** *versteht man die Einordnung von Tätigkeiten als nachhaltig, sofern sie dem Klimaschutz, der sorgfältigen Nutzung des Wassers und der Meere, der Vermeidung von Umweltverschmutzungen oder dem biologischen Schutz von Flora und Fauna dienen* [163].

Deutschland ist am 24.4.2023 aus der Energieversorgung unter Anwendung des bislang gebräuchlichen Verfahrens der Kern-**Spaltung** (Kern-**Fission**) ausgestiegen [141]. Andere Länder bauen neue Atomkraftwerke. Weltweit werden derzeit 55 Reaktoren neu errichtet, teilt die Nationale Akademie der Wissenschaften Leopoldina mit [9], wobei an eigensicheren sog. Generation-IV-Reaktor-Bauarten (Abschnitt 20.2) geforscht wird. Beflügelt wird die weitere Nutzung der Kernkraft durch den Beschluss der EU-Kommission aus dem Jahr 2022, wonach Erdgas und Atomkraft in die Taxonomie aufgenommen werden, d. h. unter bestimmten Voraussetzungen als klimafreundlich und nachhaltig eingestuft werden dürfen [163]. Stand 2022 sind in den EU-Ländern 439 Kernkraftwerke in Betrieb bzw. werden gewartet. Sie erzeugen 388 600 MW Atomstrom – dies entspricht einem Anteil von ca. 10,5 % der weltweiten Gesamt-Strom-Leistung.

Bild 20.3 (Stand 2021) listet auszugsweise jene Länder auf, die mit dem höchsten Anteil an der Kernenergie Strom erzeugen [186].

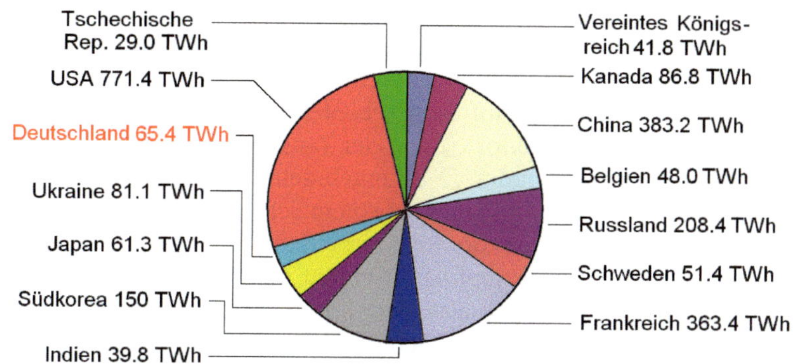

Bild 20.3 Weltweite Stromerzeugung mittels Kernenergie (Stand 2021, vor dem Ausstieg Deutschlands)

20.2 Generation-IV-Technik

Auf der Suche nach Reaktorbauarten, die sowohl beim Betrieb als auch nach ihrer Stilllegung als nachhaltig beschrieben werden dürfen, kommen Reaktoren der Generation IV ins Spiel. Bei diesen Reaktoren können zum einen Kernbrennstoffe weiterverwendet werden, die aus herkömmlichen Reaktoren wegen zu geringer Anreicherung „ausgemustert" wurden (Transmutation). Damit vermindern sich die Halbwertzeiten und die damit verbundenen Fragen um die Endlagerung. Zum anderen bieten diese (wegen des geringeren technischen Aufwandes bisweilen auch als „Mini-Kraftwerke" – Smart Modular-Reaktors SMR – bezeichneten) Reaktoren erheblich höhere Eigensicherheit, da die Brennelemente nicht mehr mit Wasser gekühlt werden, somit die Spaltung in Wasserstoff und Sauerstoff infolge Überhitzung der Brennelemente (Dampfexplosion) ausgeschlossen werden kann.

ⓘ *Unter dem Begriff der* ***Generation-IV-Reaktoren*** *sind jene Kernreaktoren zu verstehen, deren Wirkungsgrad aufgrund verbesserter Kernspaltungsreaktionen höher ist als bei früheren Kraftwerken. Zugleich sollen die Abfälle nur geringe Halbwertzeiten aufweisen und somit Endlagerzeiten niedrig gehalten werden. Mit den definierten Entwicklungszielen sollen die Anforderungen an Sicherheit und Nachhaltigkeit erfüllt werden. In Planung sind bei den Generation-IV-Reaktoren zurzeit fünf Reaktorbauarten. Dies sind der Hochtemperaturreaktor (mit gasförmigem Helium gekühlt), der mit flüssigem Natrium gekühlte Reaktor sowie der mit geschmolzenem flüssigen Salz (siehe Bild 20.4) gekühlte Reaktor. Darüber hinaus forscht man auch an Reaktoren, bei denen überkritisches Wasser oder Blei (s. u.) als Kühlmittel verwendet wird* [183].

Bereits im Erprobungszustand sind sog. Flüssigsalz-Kernreaktoren (auch Salzschmelz-Reaktoren genannt) wie in **Bild 20.4** schematisch dargestellt.

Dies sind Kernreaktoren, bei denen kein fester Kernbrennstoff vorhanden ist und keine Kühlung mit Wasser stattfindet. Vielmehr liegt der Brennstoff als geschmolzenes Salz, z. B. als flüssiges Uranchlorid, im Primärkreislauf vor, wobei das Salz zugleich Wärmeträger (und Kühlmittel) ist. Die Reaktoren werden mit Temperaturen von ca. 600 °C betrieben. Da Salz erst bei einer Siedetemperatur von ca. 1 400 °C verdampft, arbeiten diese Reaktoren also (anders als Druckwasser- oder Siedewasser-Reaktoren) drucklos. Eine Dampfexplosion ist daher nicht möglich. Der gesamte Reaktorinhalt (also der Kernbrennstoff und die Kühlflüssigkeit) zirkuliert ständig zwischen dem Reaktor ① und dem Primär-Wärmetauscher ④. Unerwünschte Spaltprodukte können während des Betriebes mithilfe einer Wiederaufbereitungsanlage ⑨ aus dem Kreislauf ausgeschieden werden. Der Reinbrennstoff ⑩ wird wieder eingeschleust. Nur der Reaktor ① und der Tauscher ④ sind kritisch und innerhalb eines abgeschirmten Reaktorgebäudes ⑬ untergebracht. Der Tauscher ⑤, im Primärkreis ebenfalls mit Flüssigsalz ▭ befüllt (damit bei einem Schaden im Dampfkreislauf kein Wasser mit dem kontaminierten Natrium des Reaktorkreises ▭ in Berührung kommen kann), fungiert als Dampferzeuger. Der Dampf beaufschlagt die Turbine ⑥ mit dem gekoppelten Generator ⑦ und nach Energieabgabe als entspanntes Kondensat den Kühler ⑧. Bei einem Störfall kann das System in Notfallablassbehälter ⑪ mit Gefrierventil ⑫ entleert werden. Die Beeinflussung der Leistung erfolgt mithilfe der neutronenabsorbierenden Steuerstäbe ② mit Antrieb ③. Um die Kernspaltung in Gang zu setzen, wird zum Reaktorstart das flüssige Uranchlorid einmalig mit geringen Neutronenmengen beschossen. Da die Spaltung von Atomen bei Flüssigsalz-Reaktoren zurückgeht, je heißer die Kühlflüssigkeit wird, schalten sich die Reaktoren praktisch ab, bevor ihr Betrieb gefährlich werden kann (weil der Brennstoff – hier das Uranchlorid – sich ausdehnt/verdünnt und damit die Möglichkeit von Uran-Atomen, noch auf spaltbare Atome zu treffen, geringer wird) [180].

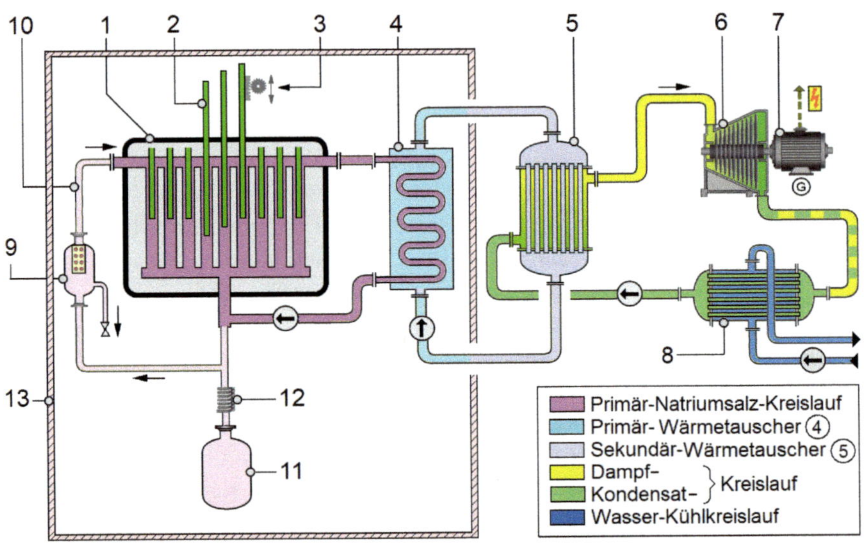

Bild 20.4 Natrium-Flüssigsalz-Reaktor – Prinzipbild

Zurzeit laufen auch Versuche, sog. Dual-Fluid-Reaktoren (Zwei-Flüssigkeiten-Reaktoren) zum Einsatz zu bringen. Bei dieser Reaktor-Bauweise sollen die Vorteile des Natrium-Flüssigsalzreaktors mit denen des metallgekühlten Reaktors vereint werden. Der Reaktor wird mit (nur) zwei Kreisläufen betrieben – der Primärkreislauf mit flüssigem Uran, der Sekundärkreislauf mit flüssigem Blei. Blei, z. T. als Legierung (flüssig!) mit Wismut (Bismuth-Legierung/LBE = Lead-Bismuth-Eutectik), hat eine bessere Abschirmung gegen radioaktive Strahlung als andere Kühlmittel. Außerdem ist das Kühlmittel unbrennbar. Der Schmelzpunkt von Blei liegt bei 327,5 °C – die Betriebstemperatur des Reaktors beträgt ca. 1000 °C.

Ein Ausfall des Stromes für die Pumpen des Kühlkreislaufes bleibt daher folgenlos. Da das Blei-Wismut-Kühlmittel des Sekundär-Tauschers nicht mit Wasser reagiert, können Reaktoren dieser Bauart mit nur zwei Kreisläufen betrieben werden – ein dritter (Sicherheits-) Kühlmittel-Kreislauf (wie Tauscher ⑤ beim Natrium-gekühlten Reaktor) entfällt [169] [200]. Die über den Reaktor erzeugte und mittels Kühlmittel Blei an den Primärraum des einzigen Tauschers übergebene Wärme wird über den Sekundärraum dieses Tauschers unmittelbar der Dampfturbine zugeleitet. Schon aufgrund des Gewichtes des Blei-Kühlmittels ist die Größe des Reaktors begrenzt.

20.3 Fusions-Kerntechnik

Was unterscheidet Kernspaltung und Kernfusion?

Bei der Kernspaltung werden schwere Atome (z. B. Uran) in leichtere Atome (z. B. Cäsium oder Barium) unter Energiefreisetzung gespalten. Hingegen verschmelzen bei der Fusion leichte Atome (z. B. Deuterium und Tritium) zu schwererem, nicht radioaktivem Helium. Das erbrütete Tritium ist nur sehr gering radioaktiv (siehe Bild 20.2). Zudem werden auch energiereiche Neutronen freigesetzt (siehe Bild 20.5), die auf die Reaktorwerkstoffe einwirken [203] und hier zu einer vom Material des Reaktors abhängigen Radioaktivität führen, da sie an deren Atomkernen zu Schäden im Kristallgitter und damit zur Versprödung des Materials führen können [204].

An diesem zweiten Verfahren, Kernenergie zu nutzen, der sog. „Kern-Schmelze" (Kern-Fusion), wird geforscht – die unterschiedlichen Abläufe im Fissionsreaktor gegenüber dem Vorgang der Fusion zeigt **Bild 20.5** B [195]. Das Max-Planck-Institut forscht an Anlagen in Garching (ASDEX-Bauart) und Greifswald (7X-Bauart), international ist das Institut am ITER-Projekt (Bauart Tokamak) beteiligt.

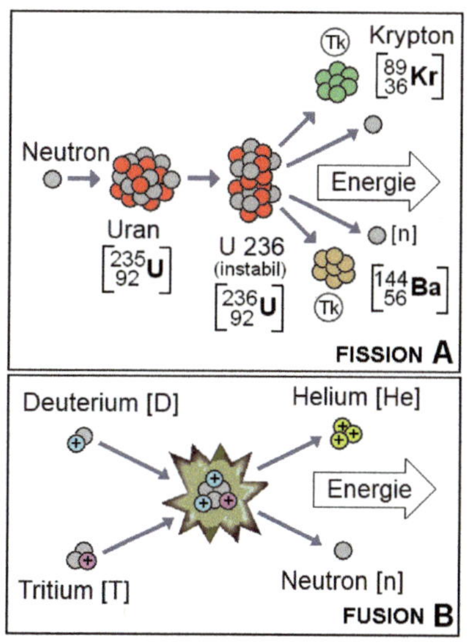

Bild 20.5 Kernenergie (Fission – Fusion)

ITER wird unter Beteiligung Deutschlands, der EU, von Russland, China, Südkorea, den USA, Japan und Indien in Cadarache/Frankreich errichtet und betrieben.

Das Vorbild für die **Kernfusion** ist die Sonne. In ihr werden bei hohen Temperaturen (in der Sonne sind dies ca. 15 Mio. °C) leichte Wasserstoffkerne verschmolzen. Da die Protonen in den Wasserstoff-Atomkernen positiv geladen sind, stoßen sie sich ab. Damit es zwischen den Atomen trotzdem zur Fusion kommt, muss ihre gegenseitige elektrische Abstoßung überwunden werden. Dies lässt sich durch Beschleunigen der Atom-Ionen, d. h. durch Erhöhen der Temperatur, erreichen. Letztendlich erfolgt dann ein „Zusammenprall", also die Fusion und das erwünschte Verschmelzen zu einem Heliumatom unter Energieabgabe (Bild 20.5 B).

Zurück auf die Erde! Während des Fusionsvorganges werden innerhalb eines Reaktors Wasserstoffisotope (Deuterium und Tritium) durch Aufheizen auf einige Mio. Grad Celsius zu einem **Plasma** verschmolzen (Kernfusion) und gleichzeitig so hoch beschleunigt, dass aufgrund der Wucht beim Zusammenstoß der Atomkerne des Deuteriums (D/D_2O) und des Tritiums ($T/^3H$) ein Heliumkern (Helium 4) entsteht. Im Plasmazustand (also bei extrem hohen Temperaturen) lösen sich die Elektronen von ihren Kernen. Das Plasma besteht dann nur noch aus positiv geladenen ^4He-Protonen – die elektrisch neutralen Neutronen [n] sowie erhebliche Energiemengen [*P*] werden freigesetzt:

$$D^2O + {}^3H \rightarrow {}^4He + [n] + [P] \qquad (20.1)$$

Diese Energie überträgt sich wiederum auf die Wasserstoffisotope in ihrer Umgebung – die Fusionsreaktion wird gestützt.

Bild 20.6 stellt vereinfacht dar, wie ein Fusionsreaktor der Tokamak-Bauart aussehen könnte. Hauptbestandteil eines Fusionsreaktors ist das Vakuumgefäß ⑨, ein geschlossener ring-/röhrenförmiger Hohlkörper mit einem als > **D** < ausgebildeten Querschnitt.

Wie beschrieben werden während des Fusionsvorganges u. a. Neutronen freigesetzt. Da die Neutronen neutral, also nicht magnetisierbar sind, sich somit nicht in den „Magnetfeld-Plasmakäfig" (s. u.) einsperren lassen, entweichen sie aus dem Plasmastrom und prallen infolge der oben erwähnten hohen Beschleunigung an die Wandung des Vakuumgefäßes ⑨, wobei dieser Neutronenbeschuss langfristig zu Materialschäden an diesem Gefäß führen könnte. Die dem Plasmastrom zugewandte innere Wandung des Vakuumgefäßes ist daher mit einer mehrlagigen schützenden Hülle ⑧ (einem sog. Blanket) abgeschirmt. Zum Schutz des Blankets selbst gegen den „Neutronen-Beschuss" ist das Blanket mit hochfesten Segmenten plattiert. Darüber hinaus dient das Blanket dem Schutz der außenliegenden Anlagenteile. Eine weitere Aufgabe des Blankets ist es, die Neutronen abzubremsen. Die kinetische „Brems-Energie" gibt das Blanket als Wärme an ein in die Hülle ⑧ eingebautes Kühlsystem ⑩ ab. Als Kühlmittel wird je nach Reaktorbauart (s. u.) und thermischer Beanspruchung einzelner Anlagenteile Helium oder Wasser [171] eingesetzt. Die abgeführte Wärmeenergie wird in einem Dampfkraftwerk mithilfe einer Turbine/eines Generators zur Stromerzeugung genutzt. Ein Bestandteil der Blanketplattierung ist Material aus Lithiumsilikat. Die bei der Fusion von Deuterium und Tritium entstehenden Neutronen (20.1/20.2) generieren mithilfe dieses Lithiums als Brutmaterial weiteren Tritium-Brennstoff [7] [222].

Zum Aufbau des Magnetkäfigs u. a. zur Aufnahme des Plasmas ② werden beim Tokamak-Reaktor mehrere sich überdeckende Magnetfelder benötigt (s. u.) – dies zeigt Bild 20.6 schematisch. Durch die Magnetfelder wird u. a. das schlauchartig geformte Fusionsplasmagas

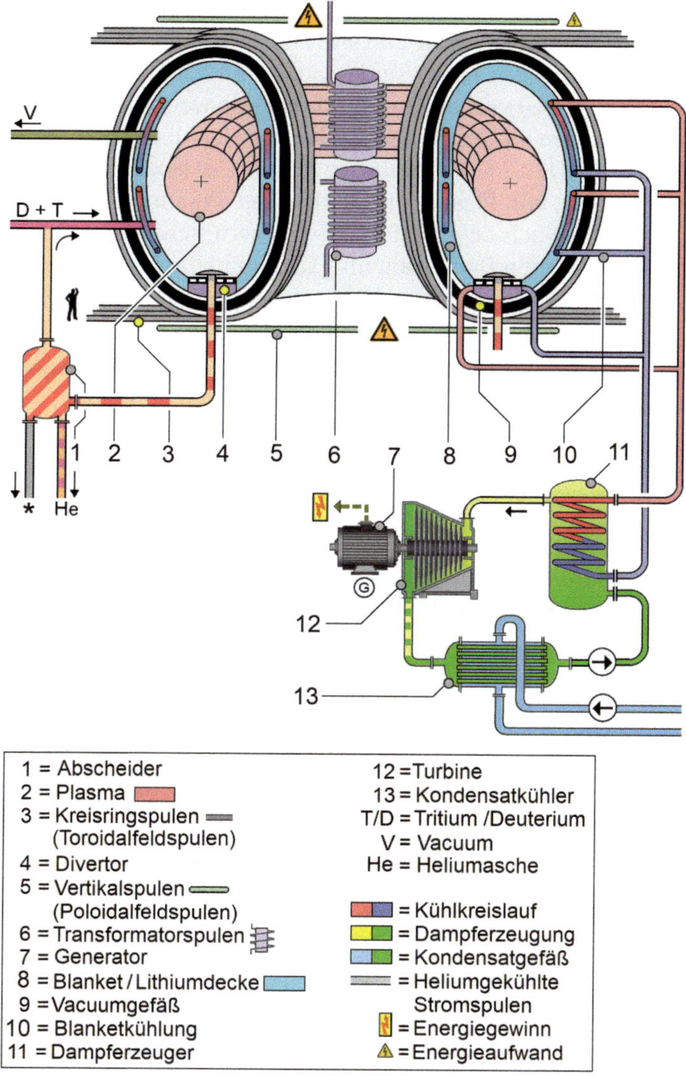

Bild 20.6 Tokamak-Fusionsreaktor – Prinzipbild

in dem Vakuumgefäß so „eingesperrt“, dass es während der Kettenreaktion nicht auseinanderdriften und die Wände des mit einem Kühlsystem ⑩ versehenen Blankets ⑧ berühren und beschädigen kann.

Zwischen der beschriebenen Tokamak-Reaktorbauart und einer anderen Bauart, dem Stellarator, bestehen Unterschiede u. a. hinsichtlich Anordnung und Aufgabe der Magnetspulen (wie beschrieben bestimmen die Anordnung und Funktion der Magnetfelder u. a. die Formung des Plasma-Käfigs sowie die Beschleunigung der Ionen – sprich Temperaturerhöhung des Plasmas). Beim Tokamak-Reaktor werden zur Erzeugung des Plasmakäfigs zum einen zwei äußere Magnetfelder ③ und ⑤ erzeugt. Zur Stabilisierung des Plasmastromes wird zusätzlich elektrischer Strom durch das Plasma, initiiert durch die Trafospule ⑥, geleitet. So soll das „Abdriften" von Teilchen aus dem Plasmastrom verhindert werden. Im Sohlenbereich des Vakuumgefäßes sind (wegen hoher Temperaturen an das Blanket-Kühlsystem ⑩ angeschlossene) sog. Divertoren ④ vorhanden. Mit ihrer Hilfe werden überschüssiges Deuterium sowie (radioaktives) Tritium ausgeschleust. Zudem werden über die Divertoren das (aus der Reaktion nach Formel 20.1/20.2 [134]) erbrütete Helium ^{4}He (sog. Fusionsasche) sowie Abrieb [★] infolge der Berührung von Plasma mit der Blanket-Wandung aus dem Fusionsplasmastrom entnommen [221]. Nach dem Entfernen von Verunreinigungen aus dem Brennstoff in einem Abscheider ① werden Deuterium und Tritium in das Vakuumgefäß zurückgeführt.

Beim Stellarator wird der magnetische Käfig nur durch ein das Gefäß umschließendes stromdurchflossenes Spulensystem zur Erzeugung eines schraubenförmigen Magnetfeldes aufgebaut. So wird das Plasma eingesperrt – im Plasma fließt kein Strom, auch fehlen die Transformatorspulen ⑥ von Bild 20.6.

Das Fusionskraftwerk setzt im Gegensatz zum Fissionskraftwerk kaum radioaktive Strahlung oder nennenswerten Abfall frei. Forscher sind sogar der Meinung, dass entstehender Abfall wieder eingesetzt werden und somit die bei der Fissionstechnik erforderliche problematische Endlagerung entfallen könnte.

Das ITER-Forschungskraftwerk wird zurzeit in Frankreich gebaut und sollte 2026 seinen Forschungsbetrieb aufnehmen – [7] [8] [11] [171] [181] [182].

Inzwischen ist klar, dass dieser Termin nicht eingehalten werden kann. Zum einen sind Mängel an der Vakuumkammer aufgetreten, die eine Instandsetzung nötig machen. Darüber hinaus sind am Hitzeschild (Blanket) Korrosionen festgestellt worden [233]. Die zeitlichen Verzögerungen führen dazu, dass die Beschaffung des Brennstoffes Tritium schwierig wird – die Halbwertzeit des Brennstoffes [T] beträgt 12,36 Jahre. Der Brennstoff wird bei z. Zt. noch laufenden Schwerwasserreaktoren aus dem Kühlwasser gewonnen [234]. Als neuer Inbetriebnahmetermin von ITER wird das Jahr 2035 ins Auge gefasst.

In China hat ein Kernfusionsreaktor, ebenfalls vom Typ Tokamak, seinen Probebetrieb aufgenommen. Die Plasma-Kerntemperatur dort wird mit 150 Mio. °C angegeben [72].

Laut [202] ist es auch US-Forschern gelungen, in einem Experiment erfolgreich einen Fusionsvorgang durchzuführen. Mittels einer Vielzahl von Laserstrahlen beschossen sie einen Minireaktor, in dem sich gefrorener Wasserstoff in Form von Deuterium und Tritium (s. u.) befand. Durch den Beschuss implodierte die Kapsel, wobei ein unvorstellbarer Druck von 100 Millionen bar und eine Temperatur von 50 Millionen °C entstanden. Das Ziel, bei der Fusion mehr Energie gewinnen zu können als für den Laserbeschuss aufgewendet werden musste, scheint erreicht worden zu sein.

Folgt man der Literatur, birgt die Fusionstechnik weit geringere Risiken als die Fissionstechnik. Zum einen sind nur geringe Mengen an fusionsfähigem/nur mäßig radioaktivem Material im Reaktor, zum anderen würden Unregelmäßigkeiten zur sofortigen Selbstabschaltung der Anlage führen. Nach Ansicht der Fachleute stellt die Fusionstechnik die ultimative und umweltfreundliche Alternative für die zukünftige Energieversorgung dar!

ⓘ ***Deuterium** ist ein natürliches Isotop des Wasserstoffs. Sein Atomkern besteht aus einem Proton und einem Neutron. Deuterium (^2H) wird aufgrund seiner Masse auch als **schweres Wasser** (D_2O) bezeichnet und kann mithilfe der Elektrolyse gewonnen werden. Die beiden anderen natürlichen Isotope des Wasserstoffs sind Protium (^1H) und Tritium (^3H)* [207].

***(Leichtes) Wasser** (normales Trinkwasser – H_2O) ist ein Molekül, bestehend aus 2 Wasserstoffatomen und 1 Sauerstoffatom. Schweres Wasser (Deuterium – D_2O) unterscheidet sich von normalem Wasser dadurch, dass die „normalen" Wasserstoffatome des Isotops Protium (H) durch schwere Wasserstoffatome des Isotops Deuterium (D) ersetzt wurden. Protium hat nur ein Proton im Atomkern, Deuterium hingegen ein Proton und ein Neutron.*

***Tritium** ist ein Isotop des Wasserstoffs. Sein Atomkern besteht aus einem Proton und zwei Neutronen. Der Atomkern ist instabil und zerfällt unter Abgabe eines Elektrons in ein Heliumisotop. Tritium (^3H) wird aufgrund seiner Masse auch als „überschwerer" Wasserstoff bezeichnet. Tritium ist radioaktiv, aber nicht sehr langlebig (kurze Halbwertzeit)* [205].

Herstellung: $^6Li + n \rightarrow {}^4He + T + [P]$ (20.2)

***Lithium** ist als ^{6}Li-Isotop im Kernfusionsreaktor Ausgangsmaterial für die Erzeugung von Tritium, das für die Fusion mit Deuterium benötigt wird. Tritium entsteht im Blanket des Fusionsreaktors neben Helium durch Beschuss von ^{6}Li mit Neutronen, die bei der Kernfusion anfallen. Lithium reagiert bereitwillig mit vielen Elementen und Verbindungen und ist verantwortlich für die ^{3}H-Erzeugung im Fusionsreaktor. Lithium wird zudem z. B. bei der Herstellung von Batterien genutzt* [206].

21 Energiebilanz

In **Bild 21.1** dargestellt ist die 2020 in Deutschland erzeugte Strommenge [36]. Die Summe der alternativ erzeugten Energien (ca. 246 TWh) betrug ca. 50,4 % der Gesamt-Energieerzeugung (488 TWh) in Deutschland. Konventionell erzeugt wurden Energien in Höhe von 242 TWh (49,6 %). Die Energieerzeugung mittels Geothermie spielt in Deutschland nur eine geringe Rolle, obwohl gerade bei der Nutzung der Geothermie nahezu unerschöpfliche Energiereserven vorhanden sind.

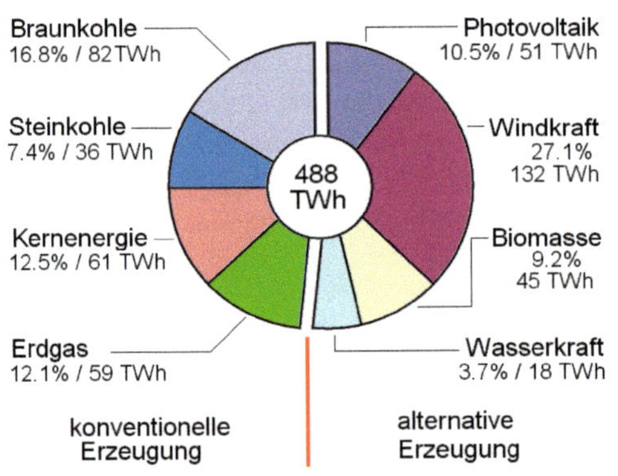

Bild 21.1 Stromerzeugung in Deutschland im Jahr 2020

Als ergänzende Information ist in **Bild 21.2** die weltweite Energieversorgung nach Energieträgern (210 000 TWh/a) (Stand 2019/21) dargestellt [184].

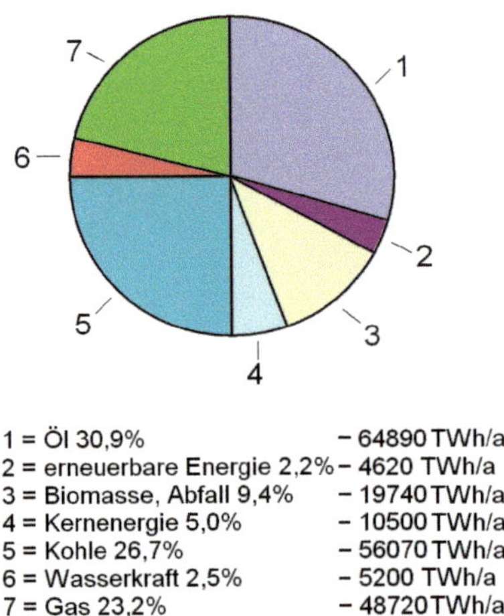

Bild 21.2 Weltweite Energieversorgung nach Energieträgern 2019/21

22 Strom-Speichersysteme

Wie schon an anderer Stelle erläutert, stehen Kraftwerke, die mit fossilen Brennstoffen (Gas, Heizöl, Kohle nur eingeschränkt) oder mit Kernenergie betrieben werden, bei Bedarf zeitnah zur Verfügung. Hingegen stehen Kraftwerke, die mit erneuerbaren Energien betrieben werden (Wind-/Sonnenenergie), in aller Regel nur zur Verfügung, wenn die Primärenergie zur Verfügung steht. Lediglich Wasserkraftwerke (z. B. nach Bild 12.4 und Bild 12.6) können die Anforderungen nach einer verzögerungsfreien Bedarfsdeckung (bei einem Schwarzfall/ Blackout möglichst im Bereich Sekunden) erfüllen. Das heißt aber, wenn Energieerzeugung und Energieverbrauch nicht zeitgleich ablaufen, muss die Energie zwischengespeichert werden. Es werden also Speicherkapazitäten benötigt.

22.1 Batterie und Akkumulator

22.1.1 Die Bagdad-Batterie

Ob der folgend beschriebene Gegenstand (**Bild 22.1** [143]) schon zu den Batterien gezählt werden kann oder nicht und mithin in diese Dokumentation gehört, ist noch in der Diskussion. Nach seinem Fundort trägt der Apparat den Namen „Bagdad-Batterie" (auch „Parther-Batterie" genannt).

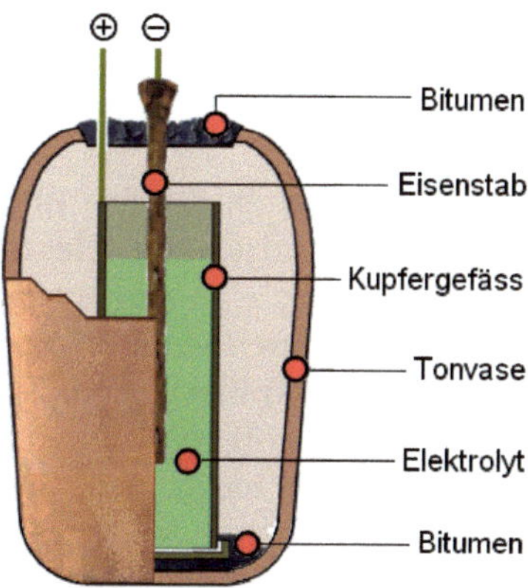

Bild 22.1 Bagdad-Batterie (Prinzipskizze)

Aber auch in anderen Gegenden des Nahen Ostens wurden ähnliche Gegenstände gefunden. Die Apparate müssen etwa ab 200 v. Chr. entstanden sein. Je nach Fundort [45] war die Tonvase zwischen 14 und 18 cm hoch. In dem Gefäß befand sich ein unten verschlossenes Kupfergefäß von 12,5 cm Höhe bei einem Durchmesser von 3,75 cm. In dieses ragte ein Eisenstab hinein. Kupfergefäß und Eisenstab waren durch eine Bitumenschicht voneinander getrennt. Das Gefäß war als Elektrolyt wohl z. B. mit verdünnter Essig- oder Zitronensäure befüllt. Zwischen Eisenstab und Kupfergefäß ergab sich bei verschiedenen Versuchen mit Nachbauten eine Potenzialdifferenz von 0,5 bis 2,0 Volt. Wissenschaftler bestätigen, dass es sich bei dem Apparat in seiner Funktion um ein galvanisches Element, also um eine Batterie, gehandelt haben muss. Anwendung könnte der Apparat beim Vergolden von Münzen oder von Schmuck (durch Galvanisieren) gefunden haben.

22.1.2 Die Volta-Säule

Die 1822 entwickelte Volta-Säule nach **Bild 22.2** [38] widerspiegelt sicherlich nicht den Stand der Technik, ermöglicht aber anschaulich die Beschreibung der chemischen Prozesse in einer Batterie.

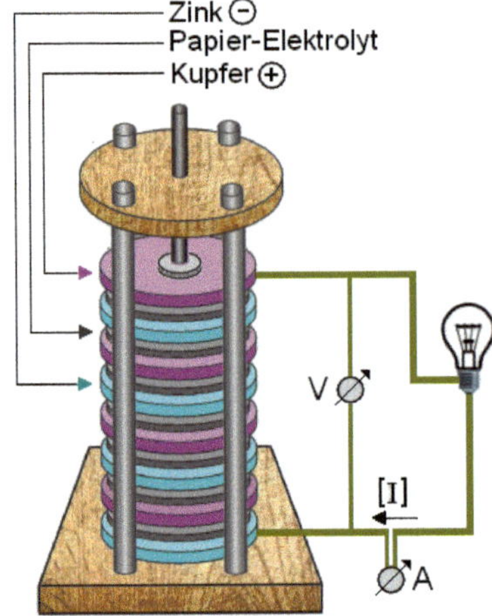

Bild 22.2 Volta-Säule (Prinzipskizze)

Die Säule besteht aus aufeinander gestapelten Kupfer- und Zink-Blechen. Zwischen den Blechen befindet sich ein mit einer Kochsalzlösung (Elektrolyt) getränkter Papierstreifen als Separator. Letztlich ist diese Anordnung eine Aneinanderreihung galvanischer Zellen. Wird der chemische Prozess in der Säule durch Verbinden beider Pole angestoßen, oxidiert die negative Zink-Anode unter Abgabe von Elektroden. Zugleich findet an der positiven Kupfer-Kathode eine Reduktion von Sauerstoff statt. Durch die unterschiedliche chemische Beschaffenheit löst sich die Anode auf – die Elektronen wandern durch den für Elektronen (= Ionen) durchlässigen und mit einem Elektrolyten getränkten Separator vom Minuspol zum Pluspol, es entsteht ein Elektronenüberschuss – es fließt Strom.

ⓘ *(Metall-) Atome (und natürlich auch Moleküle) sind im normalen Zustand neutral, haben also ebenso viele Elektronen wie Protonen. Fehlt einem Atom/Molekül ein Elektron oder hat es eines zu viel, so nehmen die Atomhüllen Elektronen auf oder geben solche ab. Diese Atome/Moleküle werden* ***Ionen*** *genannt, besitzen also einen Ladungs-Überschuss (Negativ-Ion) oder -Mangel (Positiv-Ion). Werden Metalle, wie bei der Batterie, mit einem Elektrolyten zusammengebracht* ***(galvanische Zelle)****, so werden Ionen abgespalten – es kommt zu Ionenverschiebungen. Es entsteht eine elektrochemische Stromquelle.*

*Bei der **VOLTA-Zelle** war der Separator ein mit einem Kochsalz-Elektrolyten getränkter Pappkarton, der die Abspaltung von überschüssigen Zinkionen und deren Abwanderung von der negativen Zinkanode zur positiv geladenen Kupferkathode initiierte. Eine Kochsalzlösung ist ein schwacher Elektrolyt – der Spaltungsvorgang (die Ionenverschiebung) erfolgte mithin unvollständig. (Ein starker Elektrolyt wäre z. B. Schwefelsäure – hier gibt es keine spaltbaren Moleküle mehr.) Doch selbst mit einem schwachen Elektrolyten konnte es zum „Auslaufen" der Batterie kommen. Ursache war der (flüssige) Elektrolyt, der den Zink-Mantelbecher zerfrisst. Dann kommt es zum Auslaufen des Elektrolyten.*

Diese Gefahr besteht bei neuzeitlichen Batterien eher nicht mehr – der Elektrolyt wird mit Gel-ähnlichen Stoffen eingedickt –, in diesem Fall wird die Batterie als „Trockenbatterie" bezeichnet. Wenn überhaupt, dann läuft Elektrolytflüssigkeit am Minuspol aus – hier ist eine Druckabsicherung vorgesehen (Bild 22.3 Detail A). Diese Druckentlastung ist erforderlich, da bei einer Fehlfunktion der Batterie (z. B. bei zu hoher Temperatur) Sauerstoff entstehen kann, der abgeführt werden muss, um ein Explodieren der Batterie zu vermeiden.

ⓘ Betrachtet man die elektrochemischen Vorgänge in einer Batterie bei ihrem Betrieb, so stellt sich folgender Ablauf dar:

*Die **Batterie** hat zwei Pole (positiv bzw. negativ geladene Metall-Elektroden). Außerhalb der Batterie sind diese durch einen (Draht-) Leiter mit einem zwischengeschalteten Verbraucher miteinander verbunden. Damit der **Stromkreis** geschlossen werden kann (damit also Elektronen wandern können), gibt es auch innerhalb der Batterie eine leitende Verbindung zwischen den beiden Polen, allerdings in Form einer leitenden (Elektrolyt-) Flüssigkeit. Um einen inneren Kurzschluss zwischen beiden Polen zu verhindern, bildet eine „Trennwand" (der mit einer flüssigen Elektrolytflüssigkeit getränkte **Separator** aus Pappe, Glasfaservlies oder Polyethylen) zwei getrennte Halbzellen. Der Separator ermöglicht nur den Durchtritt von beweglichen geladenen Ionen von einer Zelle zur anderen.*

*Die beiden Pole sind chemisch unterschiedlich edel. Wird die Batterie betrieben, fließt also Strom (Elektronenfluss), so gibt das unedlere Metall Elektronen ab, das edlere Metall nimmt die Elektronen auf. Diese wandern sodann von der positiven Anode durch den äußeren Leiter/den Verbraucher zurück zur negativen Kathode. Nur mithilfe dieser chemischen Kreislaufreaktion kann an den Polen ein Elektronen-Über-/Unterschuss vermieden und der Stromfluss aufrechterhalten werden. In dieser Abhandlung wird der Leser hinsichtlich des **Elektronenflusses** unterschiedliche Deutungen finden. Ursache ist in der Chemie die Definition der „Kathode – Anode". Bei einer Batterie ist die Anode immer der Pol, an dem die Oxidation stattfindet (der also Elektronen aufnimmt) – an der Kathode findet folglich die Reduktion (die Abwanderung von Elektronen) statt. Wird Strom zugeführt (z. B. Elektrolyse), ist die Kathode der Minuspol – bei der galvanischen Zelle ist die Anode der Minuspol. Bei wiederaufladbaren Batterien (i. d. R. also Akkus) ist die Anode während des Entladens der Minuspol und wird beim Laden zum Pluspol.*

22.1.3 Die Batterie

Eine Batterie hat einen Plus- und einen Minuspol. Den möglichen Aufbau einer Batterie zeigt **Bild 22.3** (A und B). Metall besteht aus beweglichen Teilen, den Elektronen – dies sind kleinste negativ geladene Teilchen von Atomen und Ionen. Elektronen verändern ihr Verhalten, wenn sie mit Säure (in der Batterie enthaltene Elektrolytflüssigkeit) in Berührung kommen. Metalle haben überschüssige Elektronen – gegenüberliegende Metalle möchten diese Elektronen aufnehmen. Um einen inneren Kurzschluss zwischen beiden Elektroden/Polen zu vermeiden, werden sie durch einen für Ionen durchlässigen Separator (Trennfläche) getrennt.

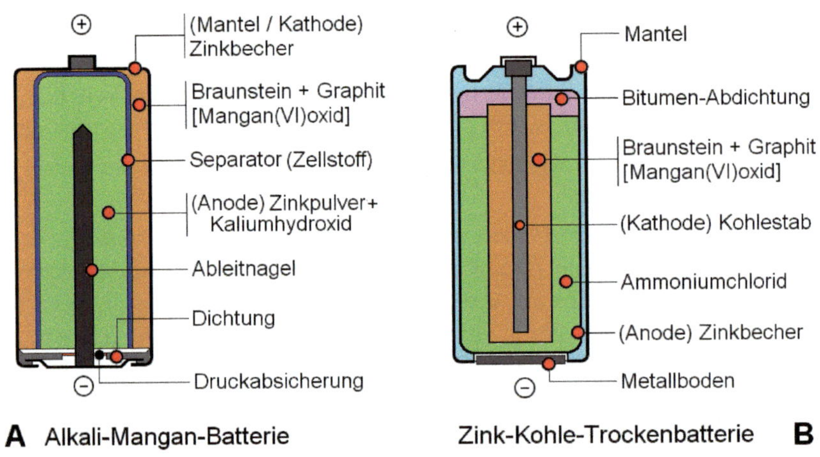

Bild 22.3 Batterien

Damit Strom fließt, muss ein chemischer Prozess stattfinden. Daher besteht der Separator z. B. aus mikroporösen Kunststofffolien oder aus mit einem Elektrolyten getränkten Vlies. Der feste oder flüssige Elektrolyt besteht aus einem Material, das in Gegenwart geladener, beweglicher Ionen elektrisch leitfähig ist. Wird in einer Batterie durch Verbinden beider Pole z. B. mit einem Verbraucher der chemische Prozess angestoßen, oxidiert die Anode unter Aufnahme von Elektronen. Zugleich findet an der Kathode die Reduktion (Abgabe von Elektronen) statt. Bei alten Batteriebauarten bildet ein unedles Material (meist Zink) die Kathode (das Batteriegehäuse). Die Elektronen werden vom Minuspol abgestoßen und zum Pluspol gedrängt – infolgedessen zersetzt sich beim Entladen das Batteriegehäuse und es kommt zum Auslaufen der Batterie. Der Entladeprozess ist irreversibel.

Die Batterie muss nach dem einmaligen Gebrauch entsorgt werden – sie kann in aller Regel nicht wiederaufgeladen werden! Ausnahmen bilden die Alkali-Mangan-Zellen in der Version RAM (Rechargeable Alkali Manganese) – sie können rechtzeitig vor einer Totalentladung einige Male aufgefrischt werden [106] [107].

Die Anode der Alkali-Mangan-Zelle ist wie eine Hülse aus Papier oder Zellstoff gefertigt, gefüllt mit einer Paste aus Zinkpulver und Kaliumhydroxid. Die in Bild 22.3 gezeigten Speicher werden für Taschenlampen, batteriebetriebene Radios, Fernbedienungen und Ähnliches genutzt. In noch kleinerer Abmessung finden Minibatterien (sog. Knopfzellen) nach **Bild 22.4** Anwendung z. B. in Hörgeräten, Armbanduhren oder Herzschrittmachern [108].

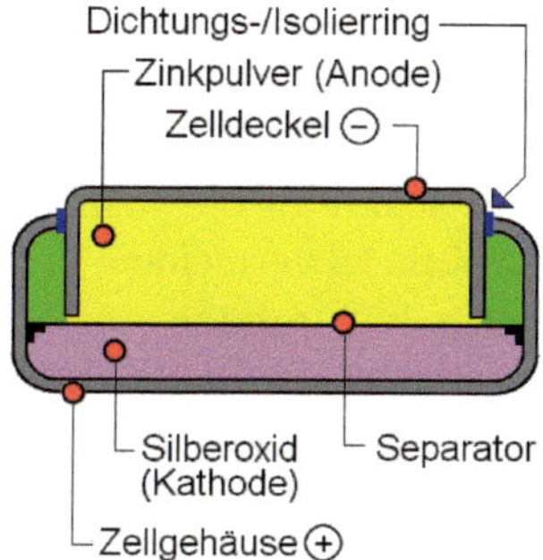

Bild 22.4 Knopfzelle

22.1.4 Der Akkumulator

Anders verhält sich der Akkumulator [Akku] – er kann den Entladungsprozess umkehren. Der Akku ist allerdings anders aufgebaut als die Batterie.

Ein Funktionsbild des wegen seiner hohen Energiedichte heute zumeist verwendeten Lithium-Ionen-Akkus zeigt **Bild 22.5**.

Während des Aufladens lagern sich die Lithium-Ionen ● in die Kohlenstoffstruktur ● ein, beim Entladen nehmen die Ionen wieder ihre alte Position ein. Die Batterie wird sowohl als zylinderförmige Rundbatterie als auch als Blockbatterie gebaut. Gegebenenfalls werden Einzelzellen zu Packs zusammengeschaltet – z. B. die Akkumulatoren als Stromspeicher elektrisch betriebener Autos.

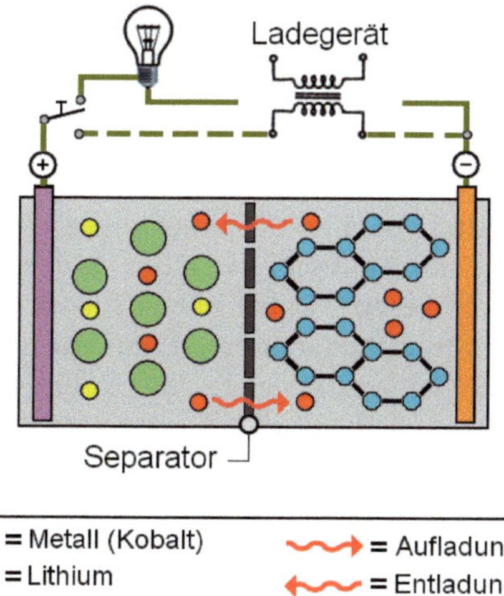

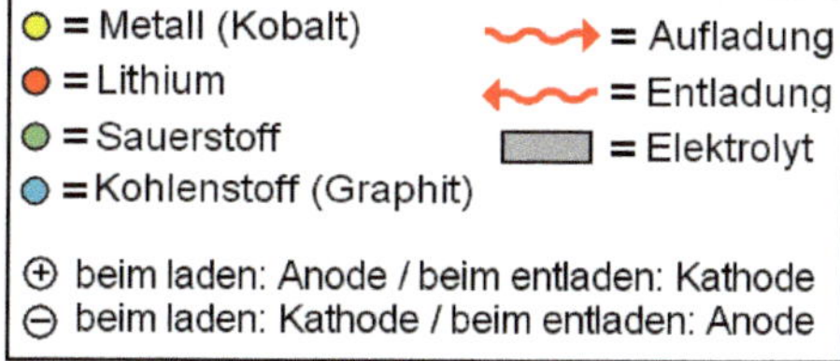

Bild 22.5 Lithium-Ionen-Akkumulator (Funktionsbild)

Atome bzw. Moleküle haben i. d. R. genauso viele Elektronen wie Protonen. Weicht die Elektronenzahl des Atoms oder Moleküls von seinem Neutralzustand ab, wird es als Ion (bei Elektronenmangel positiv – bei Überschuss negativ) bezeichnet.

Auch beim Akkumulator trennt der Separator die positive und die negative Elektrode voneinander, um einen inneren Kurzschluss zu vermeiden. Er besteht aus Polyethylen, PVC oder Vlies – abhängig von der Stärke des Elektrolyten – und ist für Ionen durchlässig, sodass die chemischen Reaktionen beim Laden und Entladen innerhalb der Zelle ablaufen können.

Beim Rund-Akku sind häufig Anode und Kathode (ähnlich wie die Volta-Säule) mit dem Separator als Trennschicht umeinandergewickelt (Wickelzelle). Wird der Akkumulator geladen, bewegen sich die Lithiumionen aufgrund ihrer negativen Ladung vom Plus- zum Minuspol. Bei Entladung bewegen sich die Elektronen und gehen mit den Ionen eine Verbindung ein. Diese wandern nun zum Pluspol (also von minus ⇨ zu plus). Ein erneuter Ladevorgang kann erfolgen [109].

Den möglichen Aufbau eines Lithium-Ionen-Akkumulators zeigt **Bild 22.6.**

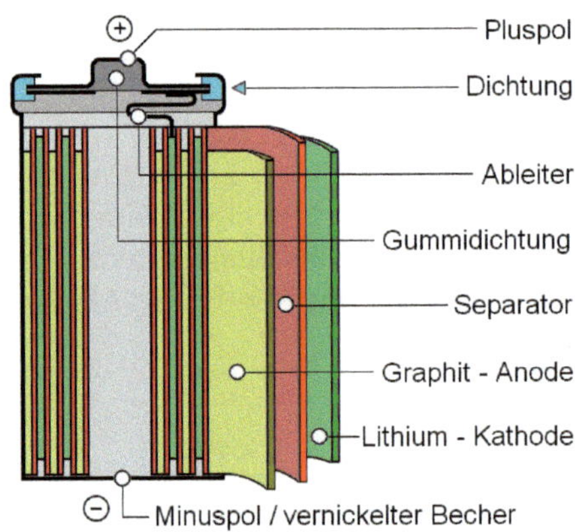

Bild 22.6 Lithium-Ionen-Akkumulator (Wickelzelle)

Die meisten Lithium-Akkus sind mit einer Überwachungselektronik gegen Überladung ausgestattet. Andernfalls kann sich metallisches Lithium an der Anode ablagern oder es wird Sauerstoff aus der Kathode freigesetzt. Daher haben Akkus ggf. eine Berstsicherung bzw. Luftlöcher. Doch auch als Großspeicher kommen Akkus zur Anwendung – hier werden ggf. hunderte, gar tausende von Zellen zusammengeschaltet. Ein solcher Speicher erreicht u. U. die Größe eines Containers!

2020 entstand zum Beispiel in der Lausitz unter Federführung der Lausitz Energie Bergbau AG (LEAG) eine „BIG BATTERY". Diese besteht aus insgesamt 13 Containern, bestückt mit Lithium-Ionen-Akkumulatoren.

Wie schon beschrieben, bestehen Akkus aus dem Plus- (Kathode) und dem Minus-Pol (Anode). Der Raum zwischen beiden Polen ist mit einer (leider ätzenden und brennbaren) Elektrolytflüssigkeit gefüllt. Getrennt werden die Elektroden durch den Separator. Werden die beiden Pole nicht durch einen externen Verbraucher miteinander verbunden, sondern es fließt, z. B. wegen eines defekten Separators, intern (unkontrolliert) Strom (Kurzschluss), steigt die Temperatur im Akku extrem an und erreicht ggf. die Zündtemperatur der Elektrolytflüssigkeit – der Akku brennt, wie jüngste Ereignisse zeigen [244]. Die folgend ansteigenden Temperaturen lassen die (brennbare) Elektrolytflüssigkeit verdampfen – der Brand wird geschürt. Daher sind Brände von Lithium-Ionen-Akkus nur schwer zu bekämpfen [245]. In Entwicklung sind Festkörper-Akkumulatoren. Das Prinzip wird anhand des Lithium-Luft-Akkumulators nach **Bild 22.7** erläutert – [100].

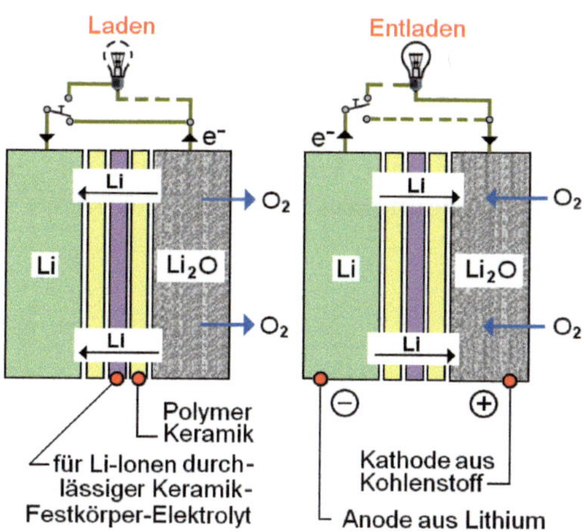

Bild 22.7 Lithium-Luft-Festkörper-Akkumulator

Wird durch Inbetriebnahme eines Verbrauchers der Vorgang der Entladung angestoßen, wird an der negativen Lithium-Elektrode unter Abgabe eines Elektrons (e^-) ein positives Lithium-Ion über den Elektrolyten an die positive Elektrode abgegeben. Hierbei nehmen die Lithium-Ionen Luft-Sauerstoff (O_2) auf – es entsteht in mehreren Schritten Lithiumoxid (Li_2O). Das abgetrennte Elektron (e^-) wandert über den äußeren Leiter (▬) an die positive Elektrode. Bei der Ladung des Akkumulators wird an der positiven Elektrode Sauerstoff (O_2) abgegeben, an der negativen Elektrode wird metallisches Lithium abgeschieden. Der (Festkörper)-Elektrolyt ist ein für Lithium-Ionen durchlässiges, sehr dünnschichtiges (unbrennbares) Keramik-Polymer, wodurch Platz und Gewicht gespart werden.

22.1.5 Der Kondensator

Eine besondere Form der Energiespeicherung ist mit der Entwicklung des Kondensators verbunden. **Bild 22.8** Detail A zeigt den Prototyp eines Kondensators, die sog „Leydener Flasche“, die im Jahr 1745 von E. J. Georg und parallel von Pieter van Musschenbroek erdacht wurde [157].

Sie bestand aus einem Glasgefäß als Isolator und war außen und innen mit Alufolie beschichtet. Der Kontakt zwischen innerer Folie und einem Metallstab wurde mittels eines flüssigen Elektrolyten hergestellt. Spätere Kondensatoren bestehen aus Metallbechern als Elektroden mit einem festen Anschlusskontakt [6]. 1775 entwickelte der dem Leser schon bekannte Alessandro Volta die letztlich bis heute gebaute Version dieses Plattenkondensators nach Bild 22.8 Detail B. Er besteht aus zwei Metallplatten mit einem zwischen beiden angeordneten (nicht-leitenden) Dielektrikum. Anfänglich wurde als Dielektrikum eine flexible Naturkautschukschicht verwendet. Spätere Dielektrika bestehen aus Glimmer oder Porzellan. Weder Glas-, Gummi- oder Porzellan-Dielektrika haben die Eigenschaften eines Separators – keines dieser Materialien lässt Elektronen passieren. Im Gegensatz zur Batterie/zum Akkumulator bewegen sich also beim Kondensator keine frei beweglichen Ladungsträger (Elektronen) zwischen Anode und Kathode – es findet keine chemische Verbindung der Elektronen untereinander statt –, es werden keine elektrischen Ladungen übertragen – es fließt also kein Strom. Legt man zwischen den beiden Platten eine Spannung an, sammeln sich auf den mit der Isolierschicht voneinander getrennten Platten positive und negative Ladungen an. Die Elektronen werden dort aber nur „abgelegt" – es baut sich zwischen diesen Platten ein elektrisches Feld auf. Werden die Platten miteinander verbunden (z. B. über ein Blitzlicht), entsteht ein Ladungsausgleich. Die Elektroden werden „abgerufen" – der Kondensator ist entladen.

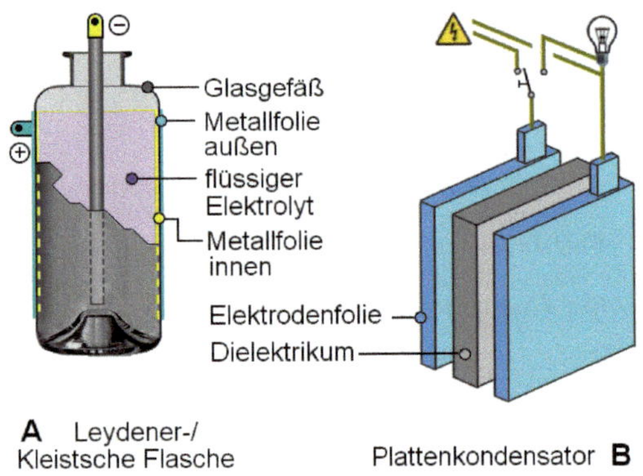

Bild 22.8 Leydener Flasche/Plattenkondensator

Nach Entwicklung flexibler Dielektrika konnten die Kondensatoren auch als Roll-/Wickelkondensatoren hergestellt werden – **Bild 22.9** zeigt einen solchen.

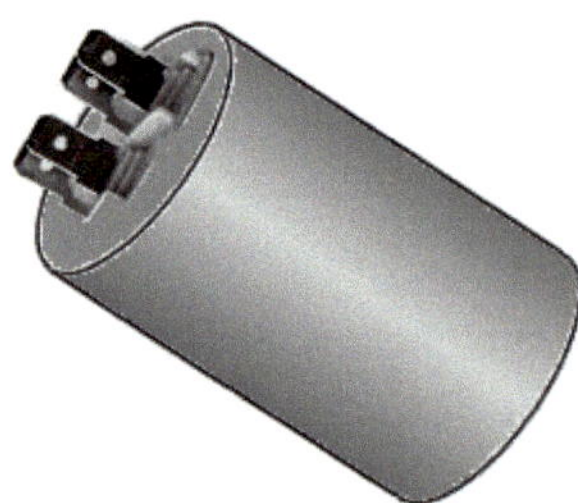

Bild 22.9 Roll-/Wickelkondensator

Die Wickeltechnik ist vergleichbar mit jener von Bild 22.6 – nur eben mit einem isolierenden Dielektrikum zwischen den Elektroden anstelle des bei Batterien und Akkus für Ionen durchlässigen Separators. Die im Kondensator gespeicherte Energie heißt Kapazität [69].

22.2 Die REDOX-Zelle

Wie bereits erläutert macht es die diskontinuierliche Energiegewinnung durch Wind und Sonne erforderlich, die gewonnenen und nicht zeitgleich verbrauchten Energiemengen zwischenzuspeichern. Dies kann durch zuvor beschriebene Speicherkraftwerke (hier seien beispielhaft das Pumpspeicher- oder das Hubspeicher-Kraftwerk genannt) geschehen. Diese wie auch weitere Verfahren sind sehr aufwendig und keine Lösung für große und variabel anfallende/abgehende Strommengen. Im Entwicklungs- bzw. Erprobungsstadium sind regelbare Großbatterien nach dem Redox-Flow-Prinzip (auch als Flüssigbatterie bezeichnet), die auch umfangreich und unregelmäßig anfallende Energiemengen aufnehmen und wiedergeben können. Wie in Bild 7.1 – „Wasserelektrolyse“ – und in Bild 10.1 und Bild 10.2 – „Brennstoffzelle“ – dargelegt, findet auch bei der REDOX-Flusszelle (**Bild 22.10** – REDOX FLOW CELL) eine Austauschreaktion von energiespeichernden Ladungsträgern an einer Membran statt.

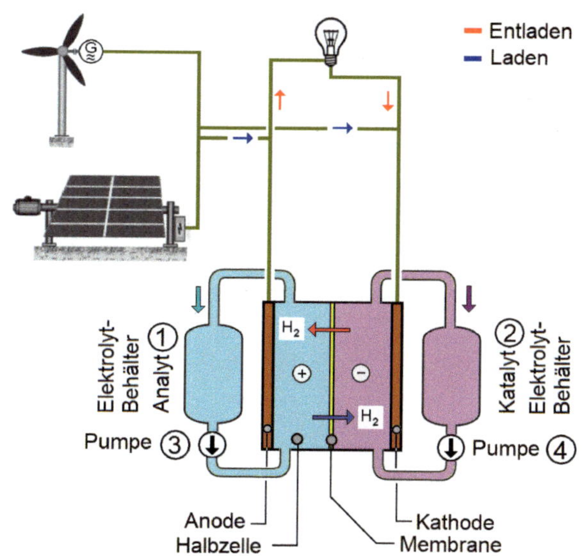

Bild 22.10 Redox-Flow-Zelle

Folgt man technischen Beschreibungen [32], so ist die Membran je nach Zelltyp ein mikroporöser Separator, der alle Ionen passieren lässt, oder eine selektive Anionen- oder Kationen-Tauschermembran, die nur für bestimmte Ionen durchlässig ist. Die Membran soll die Vermischung der beiden Elektrolyte verhindern.

Bei der neuentwickelten REDOX-ZELLE befinden sich unterschiedliche Elektrolytflüssigkeiten jedoch nicht ständig/ausschließlich innerhalb der Zelle, sondern werden weitgehend außerhalb der Zelle in zwei Vorratsbehältern ① und ② bevorratet. Lediglich während der Austauschreaktion (Lade- oder Entlade-Vorgang) zirkulieren die Elektrolyte mithilfe der beiden Pumpen ③ und ④ entlang der eigentlichen galvanischen Halbzellen, jeweils gebildet aus Membran und Elektrode (Anode oder Kathode) [105].

Mögliche bzw. erprobte REDOX-Paare sind u. a. die Elektrolytpaare Zink-Brom, Polysulfid-Bromid und Vanadium-Vanadium. Von Vorteil ist diese Bauweise insoweit, dass Zelle und Vorratsbehälter räumlich getrennt angeordnet werden können, wichtig z. B. im Automobilbau. Wie auch bei den Brennstoffzellen nach Bild 10.1 und Bild 10.2 können hier ebenso mehrere Zellen zu sog. Stacks gebündelt werden. Da an den Elektroden keine strukturellen Veränderungen stattfinden, sind Redox-Flow-Batterien sehr langlebig. Zu erwähnen bleibt, dass mithilfe der Pumpen ③/④ der Elektrolytfluss in den Halbzellen, mithin die Energie-Aufnahme-/Wiedergabe-Leistung, individuell anzupassen ist. So kann die Netzfrequenz sowohl bei Unterspeisung (Frequenz fällt unter 50 Hertz) als auch bei Überspeisung (es muss Energie aus dem Netz genommen werden) konstant gehalten werden. Redox-Batterien können sowohl z. B. im Auto als auch als Pufferbatterie (eigentlich Akkumulatoren) im Bereich eines Photovoltaikfeldes oder eines Windparks eingesetzt werden.

Derzeit wird durch das Fraunhofer-Institut für Chemische Technologien eine Redox-Flow-Batterie in Verbindung mit einer Windkraftanlage als Forschungsprojekt betrieben [48]. Soweit dem Autor bekannt, ist das Verfahren industriell noch nicht im Einsatz. Zudem erforscht die Firma RWE zusammen mit dem Batteriehersteller CMBlu den Bau einer Riesenbatterie unter Verwendung von ausgekofferten Salzkavernen (**Bild 22.11**). Die Größe der Kavernen soll eine Höhe von 500 m bei einem Durchmesser von 30 m haben [48].

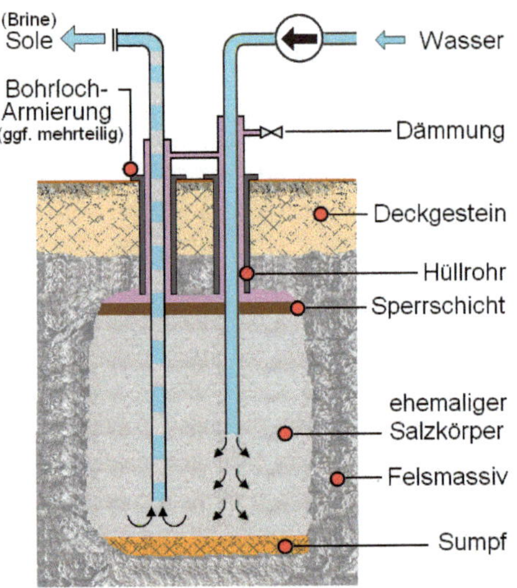

Bild 22.11 Ausgespülter Salzstock

23 Wärmeenergie-Speichersysteme

23.1 Der Gestein-Wärmeenergiespeicher

Den neuesten Entwicklungsstand im Bereich „Energiespeicherung" widerspiegelt das nachfolgend vorgestellte Gestein-Speicherverfahren. In Betrieb genommen wurde die erste Anlage (genannt ETES/Elektro-Thermal-Energiespeicher) in Hamburg am 12.6.2019 – Entwickler ist die Windrad-Herstellerfirma Siemens Gamesa [35].

Bild 23.1 zeigt schematisch, wie eine solche Anlage aussehen könnte.

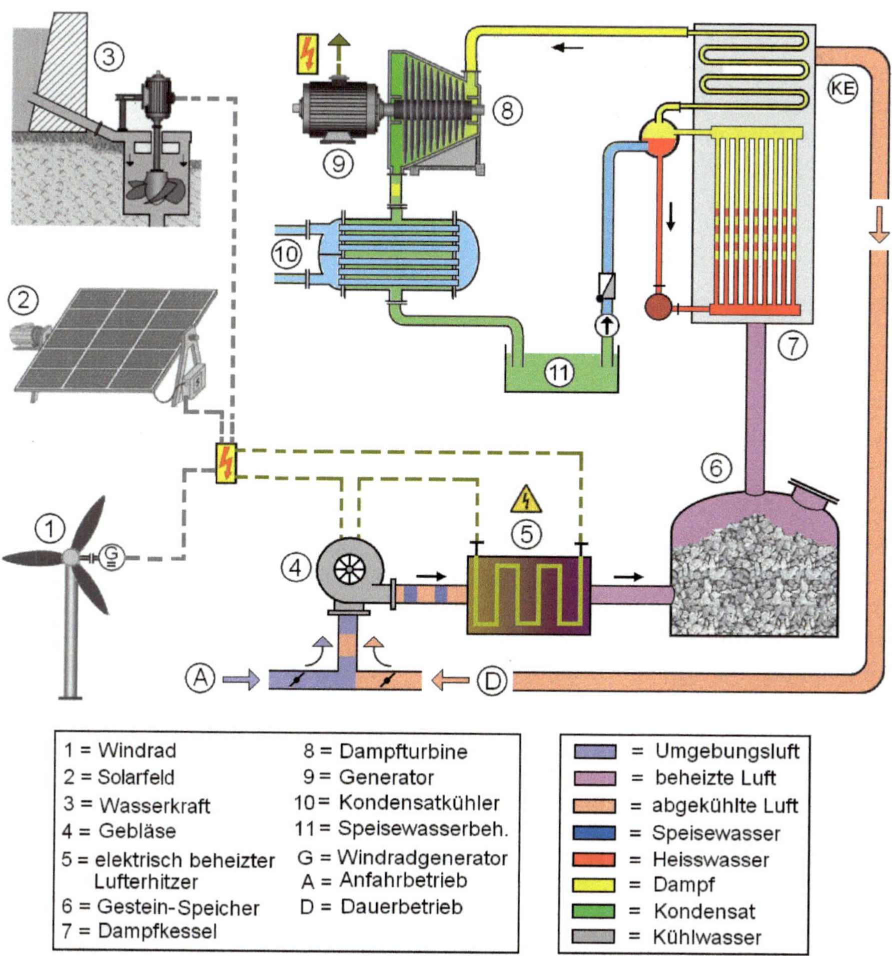

Bild 23.1 Gestein-Speicher – Prinzipbild

Wie schon an anderer Stelle beklagt, können zwar erhebliche Mengen an alternativem Strom (u. a. durch Wind- oder Sonnenenergie) erzeugt, aber nur aufwendig gespeichert werden.

Einen interessanten Beitrag zur Problemlösung/Speicherung elektrischer Energie schafft der hier dargestellte Gestein-Speicher. Während des Anfahrbetriebes Ⓐ wird Frischluft mittels Gebläse ④ durch einen elektrisch beheizten Lufterhitzer ⑤ in einen mit Gestein befüllten Speicher ⑥ geleitet. Der zur Beheizung benötigte Strom wird mittels alternativ erzeugter Energien ① ② ③ bereitgestellt. Die Steine sind hitzebeständig und können Temperaturen von bis zu 750 °C annehmen. Der erzeugte Strom wird also bis auf die zum Betrieb der Anlage benötigte Energie als Wärmeenergie zwischengespeichert. Wird in Zeiten, in denen kein Wind weht oder keine Sonne scheint bzw. Spitzenbedarf herrscht, Strom benötigt, wird bei Inbetriebnahme Ⓐ kalte Luft bzw. im Dauerbetrieb Ⓓ die innerhalb des Dampfkessels ⑦ ausgekühlte, aber mit Restwärme behaftete Abluft durch das Gebläse ④ und den Lufterhitzer ⑤ in den aufgeheizten Speicher ⑥ geblasen, nimmt hier die Wärme der Steine auf und strömt hocherhitzt dem Dampferzeuger zu. Der erzeugte Dampf beaufschlagt die Dampfturbine ⑧ mit angeschlossenem Generator ⑨. Die zeitweise gespeicherte Wärmeenergie wird also in Strom rückverwandelt. Die der Wärmeenergie weitestgehend beraubte Luft verlässt den Dampferzeuger ⑦ am Kesselende bei (KE) und kehrt im geschlossenen Kreislauf zum Gebläse ④ zurück. Anstelle der Beheizung mithilfe des Lufterhitzers ⑤ ist lt. Hersteller auch die Beheizung mit Prozess-(Abfall-)Wärme denkbar.

23.2 Salz-Energiespeicher

Weitere Verfahren, überschüssige Wind- oder Sonnenenergie als Energie zu speichern, werden zurzeit entwickelt. Es wird u. a. erprobt, Energie in flüssigem Salz zwischenzuspeichern. Salz als Wärmeträger kann gegenüber Wasser oder Wärmeträgeröl (siehe Abschnitt 2.1) mit erheblich höheren Temperaturen beaufschlagt werden.

Bei einem der Verfahren, dem sog. „thermochemischen Speicher“, konnte der Autor nur anhand vorliegender Beschreibungen (SaltX-Technology [145] [152]) in **Bild 23.2** skizzenhaft darstellen, wie dieser Flüssigsalz-Energiespeicher aussehen könnte.

Mittels alternativ erzeugter Energie ① und ② wird in einer endothermen Reaktion (unter Wärmeaufnahme) in einem Erhitzer ③ (Kalziumhydroxid) $Ca(OH)_2$ auf ca. 550 °C erhitzt und getrocknet (dehydriert). Dem Salz wird dabei das Wasser entzogen und es entstehen ein wasserfreies Kalziumoxid (CaO) und Wasserdampf (H_2O). Der energiereiche Wasserdampf wird im Behälter ⑥ bevorratet. Das in Behälter ④ geleitete, nun trockene Salz enthält eine hohe (über den Trocknungsprozess eingebrachte) chemisch gespeicherte Energiemenge. Um im Bedarfsfall diese Speicher-Energie abrufen zu können, wird dem Kalziumoxid (CaO) lediglich wieder heißes Wasser ⑤ aus dem Behälter ⑥ zugeführt. Das Oxid reagiert nun unter heftiger Wärmeentwicklung (exotherm) wieder zu $Ca(OH)_2$ (Kalziumhydroxid), wobei die zuvor gespeicherte alternative Energie in Form von Dampf mit einer Temperatur von bis zu 450 °C wieder freigesetzt wird. Der Dampf wird über einen Wärmetauscher ⑨ abgezogen. Das seiner Energie beraubte, nasse, abgekühlte Kalziumhydroxid gelangt in einen „kalten“ Speicher ⑩ und wird bei Bedarf wieder dem Erhitzer ③ zugeleitet. Der erzeugte Dampf kann herkömmlich z. B. zum Betrieb einer Turbine ⑦ mit gekoppeltem Generator ⑧ oder in einem Fernheiznetz genutzt werden.

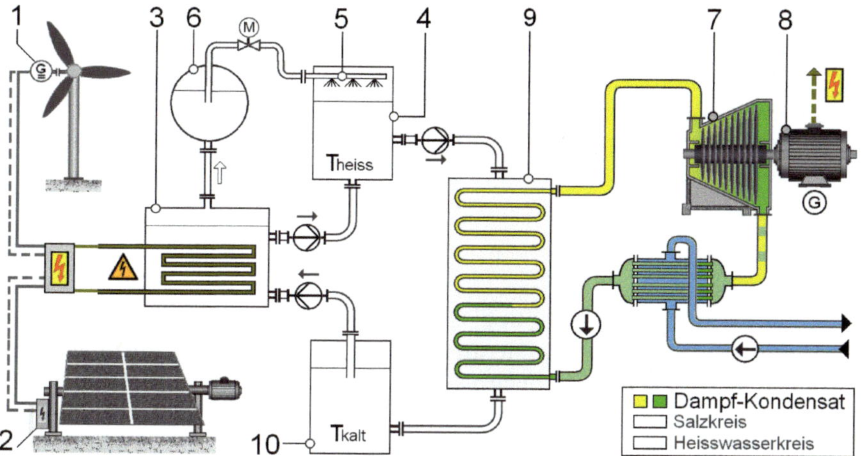

Bild 23.2 Thermischer Salz-Energiespeicher – Prinzipbild

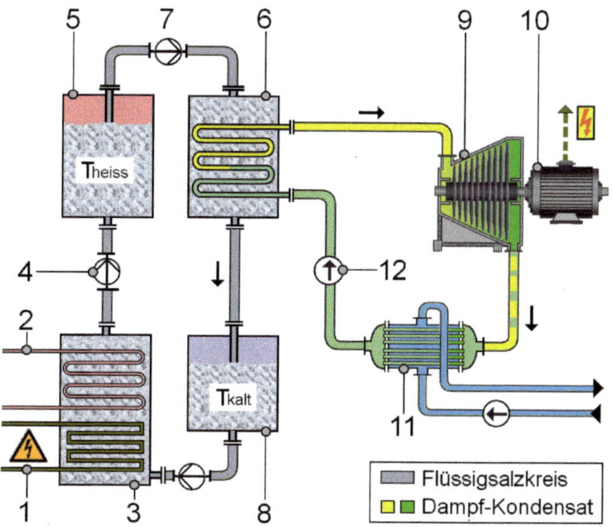

Bild 23.3 Flüssigsalz-Energiespeicher – Prinzipbild

In einem weiteren (thermodynamischen) Verfahren (Projekt Tesis) – siehe **Bild 23.3** – [146] erhitzt mittels Wind- oder Solarenergie erzeugter Strom ① in einem Erhitzer ③ Salz bis auf 560 °C und verflüssigt es.

Das hochtemperierte Flüssigsalz wird mithilfe der Feststoff-Pumpe ④ in einen Speicher ⑤ umgepumpt und bevorratet. Wird Strom benötigt, wird das heiße Flüssigsalz aus dem Speicher ⑤ mittels Pumpe ⑦ und nach Durchströmen der Primärseite eines Dampferzeugers ⑥ in einen kalten Tank ⑧ umgepumpt und gelangt von hier aus im Bedarfsfall wieder in den Erhitzer ③. Im Sekundär-Kreis des mit heißem Salz beheizten Dampferzeugers ⑥ wird Hochdruckdampf erzeugt. Der erzeugte Dampf treibt eine Turbine ⑨ mit einem gekoppelten Generator ⑩ an und erzeugt (rückgewonnenen) Strom. Der nun als Niederdruckdampf vorliegende Dampf wird aus der Turbine über den Kondensatkühler ⑪ und mithilfe einer Kondensatpumpe ⑫ wieder dem Dampferzeuger ⑥ zugeführt. Anstelle der Beheizung des Erhitzers mit Strom kann z. B. auch in einem solarthermischen Kraftwerk erhitztes Wärmeträgeröl ② (siehe z. B. Abschnitt 2.2.1 – Bild 2.3) zum Einsatz kommen. Bild 23.3 zeigt ein vereinfacht dargestelltes Anlagenschema.

23.3 Der Kurzzeit-Wärmeenergiespeicher

Doch fossilfreie Energie wird nicht nur als Strom gewonnen, sondern z. B. auch als Wärme. Wie schon erläutert, stehen häufig Energien zur Verfügung, die aber nicht zeitnah genutzt werden können. Dies kann z. B. Abwärme sein, die, da ihr Temperatur-/Energieniveau zu gering ist, ungenutzt bleibt. In diesem Bereich hat die Firma LaTherm GmbH aus Dortmund Entwicklungsarbeit betrieben (heute Hamburger KTG Energie AG) [17]. Sie verwendet herkömmliche und mit Natriumacetat als Speichermedium gefüllte Container. In das Speichermedium sind wasserdurchflossene Wärmetauscher eingebettet – durch sie wird die Abfallwärme hindurchgeleitet und heizt so das umgebende Natriumacetat auf. Die Temperatur des Speichermediums kann durchaus – so der Hersteller – 100 °C betragen. Bei dieser Temperatur wird das Salz flüssig. Nach seiner Aufladung wird der Container per LKW zu einem Verbraucher transportiert und hier zwecks Wärmeabgabe an ein entsprechend vorbereitetes Netz, z. B. einer Wohnsiedlung, angeschlossen. Die Abkühlung hier kann bis zu 55 °C erfolgen.

23.4 Der Dampfspeicher (Ruths-Speicher)

Der Ruths-Dampfspeicher (ein sog. „sensibler" Speicher) nach **Bild 23.4** (entwickelt von dem schwedischen Ingenieur Ruths (* 1879/† 1935)) ist ein bis zu 2/3 mit Wasser gefülltes Gefäß. In dessen Wasserraum wird Heißwasser oder Dampf eingedüst. Der Vorgang führt infolge von Sattdampfbedingungen zur Druck- und Temperaturerhöhung. Die Energie kann als Abdampf einem Produktionsprozess entstammen.

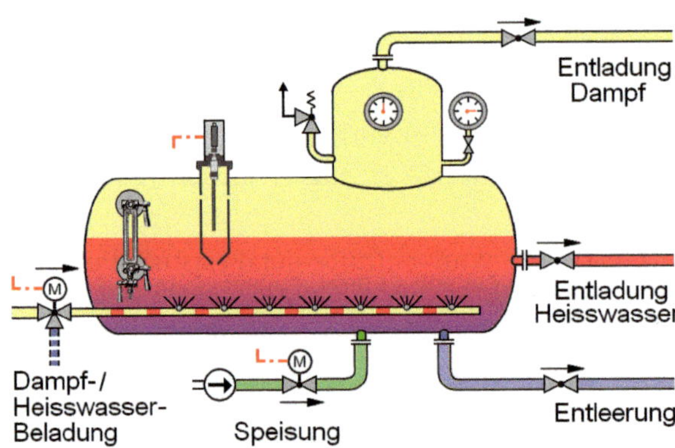

Bild 23.4 Ruths-Speicher

Sie kann aber auch alternativ erzeugt worden sein. Beispielhaft sei hier das Solarturm-Kraftwerk nach Bild 2.3 genannt – es stellt Temperaturen von bis zu 565 °C zur Verfügung (realistisch sind für den Speicher Sattdampfbedingungen von ≤ 310 °C bei ≤ 100 bar). Da die rechnerisch erforderliche Wanddicke des Behälters maßgebend vom Durchmesser und dem Betriebsdruck bestimmt wird, sollte bei höheren Drücken die Wirtschaftlichkeit geprüft werden. Bei der Entladung/Entnahme von Dampf oder Heißwasser aus dem Behälter kommt es zum Druckabfall, mithin auch zur Nachverdampfung und mit dieser einhergehend natürlich auch zur Temperaturabsenkung – daher auch der Name „Gefällespeicher". Sinken Druck und Temperatur unter ein vorbestimmtes Niveau ab, muss der Speicher nachgeladen werden. Der Ruths-Pufferspeicher kommt insbesondere dann zur Anwendung, wenn ein wie auch immer beheizter Wärmeerzeuger prozesswärmetechnische Belastungsspitzen kurzfristig nicht ausgleichen kann.

23.5 Feuerlose Dampflokomotive

Der wohl bekannteste Kurzzeitspeicher findet in der feuerlosen Lokomotive Anwendung – siehe **Bild 23.5** [87]. Diese Lok ist eine Dampflokomotive, die den für ihren Betrieb nötigen Dampf nicht selbst mit einer eigenen Feuerung erzeugt. Vielmehr „tankt" sie den Dampf aus einer feststehenden Dampfkesselanlage – hier kann Dampf mit erheblich besseren Wirkungsgraden und umweltschonender erzeugt werden als in einer mobilen Lok-Feuerung. Der in einem gegen Wärmeverluste isolierten druckführenden Speicher bevorratete Dampf dient dann dem Betrieb der Lokomotive. Haupteinsatzbereich war z. B. der Untertage-Kohlebergbau bzw. ist die chemische Industrie, wo wegen der Brand- und Explosionsgefahr offene Feuerungsanlagen nicht eingesetzt werden können.

Bild 23.5 Feuerlose Dampflokomotive

24 Impulsgravitationsmaschine

Die folgend beschriebene Wasserpumpe fand ihren Platz eher in der Vergangenheit. Erfunden wurde sie im 13. Jahrhundert als Hub-Kolbenpumpe. Man kennt sie als Schwengelpumpe. Bedient wurde sie durch die Körperkraft des Menschen. Bis Veljko Milkovic etwa im Jahr 2000 ihr ein neues Leben als **Impulsgravitationsmaschine** einhauchte – **Bild 24.1** [70].

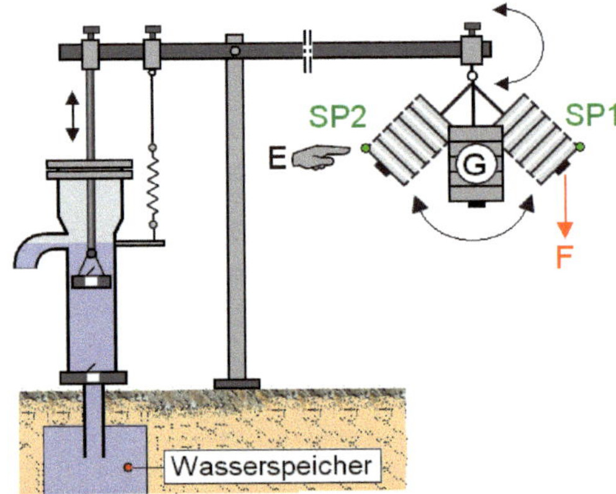

Bild 24.1 Pendel-Wasserpumpe

Er nutzte das Hebelgesetz, indem er am Ende des Hebels (Schwengels) ein Pendelgewicht [G] positionierte. Bei einer seit 2009 in Texas betriebenen „gravitationsunterstützten" Pumpe hat das Pendel [G] ein Gewicht von ca. 435 kg! Stößt man das Pendel an, bewegt es sich wegen der Schwerkraft [F] aus seiner Ruhelage hin und zurück. Zwar muss das Pendel wegen der Hemmung infolge des Luftwiderstandes der bewegten Teile des Oszillators, der Lagerverluste und der Arbeitsleistung/des Strömungswiderstandes der Pumpe regelmäßig erregt werden – die eingebrachte Energie [E] genügt dann aber, um das Gewicht oszillierend schwingen und damit über den Schwengel den Kolben auf und ab fahren zu lassen. Im Scheitelpunkt [SP] liegt die Energie als potenzielle Energie vor, während seines Weges von SP1 zu SP2 greift die kinetische Energie der Masse. Folgt man der Literatur, so übertrifft die Energie zur Erzeugung der Pumpleistung die manuell einzubringende (Erregungs-) Energie [E] zur Aufrechterhaltung der Pendelbewegung um das 9- bis 12-Fache.

25 Der Tretradkran

Zum Abschluss des Thementeiles „Erzeugung" mechanischer und elektrischer Energie sei der folgende Beitrag mit einem Augenzwinkern erlaubt.

Bild 25.1 [71] zeigt anschaulich eine Maschine, mit der sich der Mensch im Mittelalter seine Arbeit erleichtern konnte. Immerhin kam das Tret-/Sprossenrad ohne Nutzung umweltschädigender Ressourcen aus – daher seine Erwähnung in dieser Dokumentation. Die Windmühle kam – zumindest in Europa – erst ab dem 12. Jahrhundert zum Einsatz, aber hier auch nur zum Mahlen von Getreide, zum Betrieb eines Schmiedehammers oder (z. B. in Holland) zum Wasserschöpfen. Lasten anheben konnte man mit der Wind- oder Wassermühle – schon wegen des nur stationären Betriebsortes – nicht. Hierzu bedurfte es eines mobilen Hebezeuges. Umgekehrt konnte das nachfolgend beschriebene Tret-/Sprossenrad, da an wechselnden Einsatzorten aufzustellen, umfassend eingesetzt werden.

Bild 25.1 Tret-/Sprossenrad

Erfunden wurde der Hebekran wohl von den Griechen Mitte des 6. Jahrhunderts. Aber erst mit dem Bau der hochragenden Kirchen und Burgen im Mittelalter (ab ca. 1200) kam er wirklich zur Geltung.

Die Tretmühle hatte die Form einer zylindrischen Trommel. Der Leser könnte an ein Hamsterrad denken. Die Mühle hatte einen Raddurchmesser von bis zu 5 m und war auf einer Holzwelle, die ihrerseits in einem stabilen Holzgerüst gelagert war, angeordnet. Auf das Rad war ein Seil in einer Seilscheibe aufgewickelt, das je nach Heberichtung – mit einem Ausleger geführt – auf- bzw. abgewickelt wurde. Bewegt wurde die Tretmühle durch die Körperkraft des sog. Radläufers, auch Windenknecht genannt. Leider wurden auch Hunde und Esel zum Antrieb von Tretmühlen eingesetzt. Mensch und Tier liefen auf den zwischen den zwei hölzernen Radreifen befestigten Trittleisten innerhalb des Rades.

Kleine Räder dienten dem Antrieb von Transmissionen oder Kleingeräten. Größere Laufräder waren als Krananlagen in Gebrauch. Es waren hier sogar Treträder für den Zweimannbetrieb im Einsatz. Die Hebeleistung war u. a. abhängig vom Durchmesser des Rades.

Eine ähnliche Kranbauart stellten Sprossenräder dar – hier lief ein Radläufer außerhalb des Rades. Das Tretrad war – im Gegensatz zu modernen Kränen – nur für vertikale Hebevorgänge geeignet. Als Pate zu heutiger Hebetechnik gilt der Kran insoweit, als er im Innern von in die Höhe strebenden Bauwerken von Ebene zu Ebene umgesetzt wurde (in moderner Form bis heute beim Bau von Wolkenkratzern üblich) und letztlich für Reparaturen im Dach des Bauwerkes verblieb. Versuche, das Tretrad als Antrieb für einen Generator zur Stromerzeugung zu nutzen, wurden bislang nicht vermeldet.

26 Energietransport

Ergänzend betrachtet seien jene Probleme, die zurzeit mit der Verteilung des erzeugten Stromes verbunden sind. Bislang wurde die Energie quasi regional da erzeugt, wo sie benötigt wurde. Sollen die zuvor gezeigten Prognosen Wirklichkeit werden, muss zukünftig zumindest der mithilfe der Windenergie überwiegend in Offshore-Windparks im Norden Deutschlands erzeugte Strom durch die ganze Republik transportiert werden. Jedermann sieht ein, dass zur Energiesicherstellung innerhalb Deutschlands Leitungen verlegt werden müssen. Widerstand regt sich dann, wenn oberirdische Stromtrassen das persönliche Umfeld tangieren. Die Menschen beklagen bei Freileitungen die optische Verschandelung der Natur (gleiche Argumente sind auch beim Betrieb von Windrädern bekannt). Darüber hinaus befürchten die Menschen wegen des Vorhandenseins elektrischer und magnetischer Felder (sog. Elektrosmog) bei längerem Aufenthalt in der Nähe von Hochspannungsleitungen eine gesundheitliche Beeinträchtigung.

Doch auch die Erdkabel müssen sich Kritik gefallen lassen. Sie werden in einer Tiefe von bis zu 3 m verlegt. Sofern die Leitungen nicht gekühlt werden, erhitzen sie sich im Betrieb, was an der Erdoberfläche zu einer Temperaturerhöhung führen kann und z. B. im Bereich landwirtschaftlich genutzter Flächen bei der Landwirtschaft Sorgen hervorrufen könnte [188].

Elektrische Felder können durch das Erdreich weitgehend unterdrückt werden. Deshalb spielen sie bei Erdkabeln keine Rolle. Bei Freileitungen treten sie aber verstärkt auf. Ihre Intensität hängt hauptsächlich von der Betriebsspannung ab.

Die Feldstärken in unmittelbarer Nähe der (oberirdischen Frei-) Leitungen führen zur Bildung von geringen Mengen an giftigem Ozon und zu einer teilweisen Ionisierung der atmosphärischen Luft, die damit leitfähig wird. Insbesondere bei feuchtem Wetter kann diese ionisierte Luft Einfluss auf Personen in unmittelbarer Nähe der Überland-Freileitungen nehmen (z. B. sich sträubende Haare) – siehe **Bild 26.1** [73].

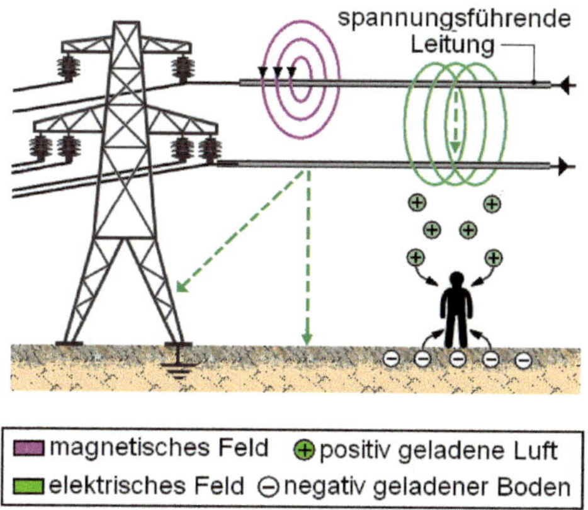

Bild 26.1 Elektrisches und magnetisches Feld

Magnetische Felder werden von bewegten elektrischen Ladungen initiiert und treten sowohl bei Freileitungen als auch bei Erdkabeln auf und dringen daher auch in den menschlichen Körper ein. Magnetfelder entstehen, solange Strom fließt – ihre Stärke hängt von der Stromstärke ab.

Elektrische Felder werden von Ladungsunterschieden hervorgerufen und treten zwischen Polen auf; d. h. sowohl zwischen Leitungen untereinander als auch zwischen Leitung und (geerdeten) „Gegenständen", also z. B. auch Menschen. Hoch- und Höchstspannungsleitungen können sowohl als Freileitungen als auch als Erdkabel verlegt werden.

Hochspannungsleitungen werden zur Übertragung des elektrischen Stromes über große Entfernungen eingesetzt. Sie werden mit besonders hohen elektrischen Spannungen von mindestens 60 kV bis hin zu Höchstspannungen von etwa 1 MV betrieben. Der Energietransport erfolgt bei Freileitungen i. d. R. mithilfe von mindestens drei Leiterseilen.

Hinsichtlich der Verlegung erdgedeckter Leitungen gibt es verschiedene Möglichkeiten, so z. B. die direkte Verlegung im Erdreich, die Verlegung jeder einzelnen Leitung in einem Schutzrohr, aber auch die Verlegung mehrerer Leitungen in einem – ggf. begehbaren – Kanal/Tunnel. Erdkabel bis zu 110 kV werden meist in Dreierbündeln verlegt. Bei Erdkabeln mit Hochspannungen über 110 kV ist wegen der Wärmeabfuhr ein größerer Abstand der Leiter zueinander erforderlich. Zudem werden die Kabel dann als Einzelkabel verlegt – für den üblichen Dreiphasen-Wechselstrom sind mithin drei einzelne, parallel verlegte Hochspannungskabel nötig. Bei Höchstspannungen und der beim Betrieb entstehenden Wärme kann es je nach Höhe der Spannung erforderlich werden, die erdverlegten Leitungen zu kühlen.

Beispielhaft sei ein Supraleiter der Firma Nexans nach **Bild 26.2** [27] genannt. Als Supraleiter sind Materialien zu verstehen, die bei Unterschreiten einer definierten spontanen werkstoffabhängigen „Sprungtemperatur" magnetfeld- und widerstandsfrei und mithin supraleitend werden.

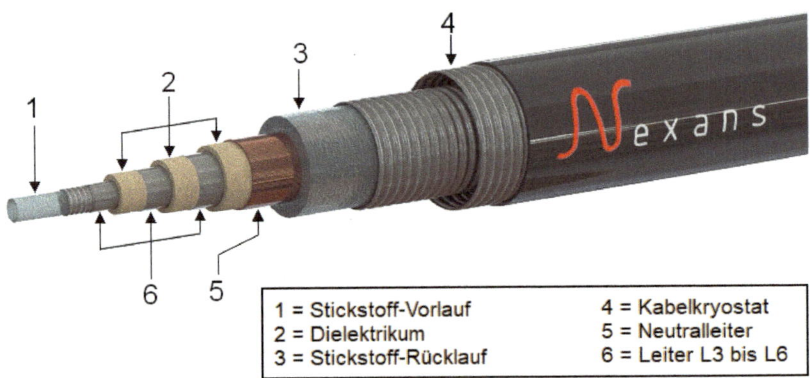

Bild 26.2 NEXANS-Supraleiter für die Erdverlegung [27]*

Ein in Essen im Zuge des Projektes „AmpaCity" verlegtes Kabel enthält drei stromführende und einen Null- oder Neutralleiter. Ständig wird flüssiger Stickstoff mit einer Temperatur von minus 196 °C in den zentrischen Hohlraum des Kabels gepumpt. Durch einen zweiten ringförmigen Hohlraum, der die Leiter umschließt, fließt der Stickstoff zurück. Anstelle des Stickstoffes werden bisweilen auch ölgekühlte Kabel eingesetzt. Sie werden im Betrieb im

Inneren ◯ mit dünnflüssigem Mineralöl mit Druck beaufschlagt und gelangen bei Betriebsspannungen von 100 kV bis 500 kV als Erdkabel zum Einsatz.

Bei zwei- oder dreiadrigen Leiterbündeln dienen ggf. auch die Zwischenräume zwischen den Leiterbündeln ▇ als Öl- oder Stickstoff-Kühlkanal zur Wärmeabfuhr.

Bei extremen thermischen Belastungen infolge hoher Übertragungsleistungen kann das umgebende Erdreich die anfallende Wärme nicht mehr aufnehmen. Daher werden bei hoch belasteten Erdkabelsystemen zusätzliche indirekte Kühlsysteme, z. B. eine den äußeren Dreileitermantel umhüllende Zwangsbelüftung ▇, zum Einsatz gebracht. Das Kabel ist vereinfacht dargestellt in **Bild 26.3** [124].

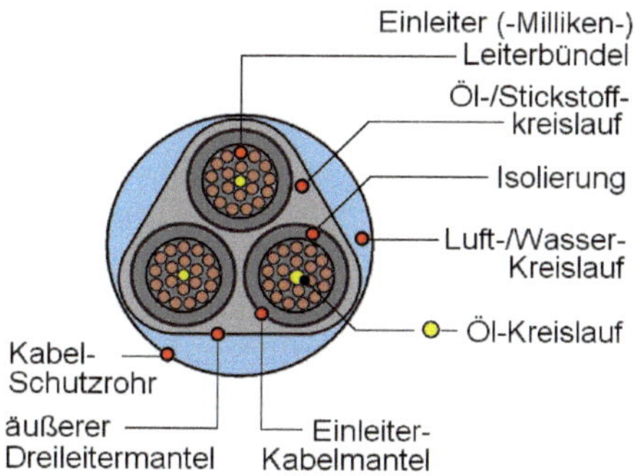

Bild 26.3 Dreimantel-Erdkabel, Verlegung im Schutzrohr

Die Luft dient in diesem Fall dazu, die Abwärme von den stromdurchflossenen zwei bzw. drei Einleiterkabeln in den Luft-Kühlkreislauf zwischen dem Dreileitermantel und dem Kabelschutzrohr abzuleiten. Die in der Darstellung angedeuteten Kühlsysteme werden ggf. wahlweise eingesetzt. Insbesondere für Hochspannungsleitungen wurden Kabel – vergleichbar dem **Bild 26.4** – entwickelt. Diese Einleiterkabel sind bis in den Höchstspannungsbereich einsetzbar. Auch sie finden für die Erdverlegung Anwendung [125].

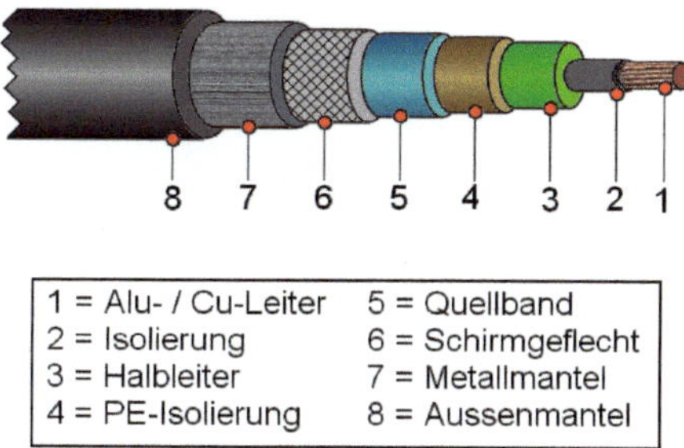

1 = Alu- / Cu-Leiter	5 = Quellband
2 = Isolierung	6 = Schirmgeflecht
3 = Halbleiter	7 = Metallmantel
4 = PE-Isolierung	8 = Aussenmantel

Bild 26.4 Einadriges Hochspannungskabel

27 Schlussbetrachtung – der Blitz ist keine Lösung für unseren Energiehunger

Zum Abschluss aller Betrachtungen zum Thema „Fossilfreie Energien“ eine Enttäuschung. Wir alle haben uns schon einmal Gedanken gemacht, warum die riesige Energiemenge, die wir in einem Blitz vermuten, nicht genutzt wird.

Wie entsteht ein Blitz als Teil eines Gewitters? [224]. Bei hohen Temperaturen, i. d. R. also im Sommer, verdunstet auf der Erdoberfläche und aus Gewässern Wasser und steigt in der Atmosphäre nach Oben. Da mit zunehmender Höhe die Atmosphäre kälter wird, kondensiert hier das verdunstete Wasser zu Tröpfchen – es entsteht eine Regenwolke. Aufgrund der bei der Abkühlung freiwerdenden Energie kommt es zu starken Konvektionsströmungen, folglich zu Verwirbelungen, folglich zu Stoßenergie der Tröpfchen untereinander und zur Reibung zwischen einzelnen Tröpfchen innerhalb der Wolke. Diese Vorgänge bedingen die Bildung von elektrisch unterschiedlich geladenen Tröpfchen. So bilden sich im oberen Bereich der Wolke positive Eiskristalle, am Fuß der Wolke Wassertröpfchen mit negativen Ladungen – dazwischen bildet sich ein elektrisches Feld (**Bild 27.1**). Dieses Spannungsfeld entlädt sich ab einem kritischen Wert von ca. 170 000 Volt als Blitz, quasi als „Kurzschluss“ zwischen Wolke und Erdboden. Bei diesem Vorgang heizt sich die von dem Blitz durchströmte Luft auf bis zu 30 000 °C auf und dehnt sich aus – daher das Donnergeräusch. Im Extremfall kann ein Blitz eine Spannung von 100 Mio. Volt und etwa 100 000 Ampere annehmen.

Bild 27.1 Gewitter und Blitz

Diese Werte können doch nur eine gigantische Energiequelle bedeuten – oder? Leider nicht! Zum einen entlädt sich ein Blitz binnen weniger Millisekunden. Zum anderen heizt der Blitz bei seinem Weg zur Erde die Luft extrem auf und verliert hierbei einen Großteil seiner Energie – am Boden bleibt nicht viel übrig. Bei einer Energiemenge des Blitzes am Boden von 16 kWh [224] könnte man eine 100-m^2-Wohnung nicht einmal einen Tag lang beheizen! Zudem tritt ein Blitz stets an unterschiedlichen Orten auf – wann, wo und wie könnte man ihn also einfangen? Hinzu kommt, dass die eingefangene hohe Energiemenge genau im Moment der Entladung des Blitzes verbraucht werden müsste – einen Speicher, der die anfallende Energie „blitzschnell" speichern könnte, gibt es nach Wissen des Autors z.Zt. nicht.

Der Autor hat sich bemüht, Möglichkeiten aufzuzeigen, die helfen können, den weltweiten Energiehunger zu stillen, wobei der Klimaschutz, sprich u. a. die Dekarbonisierung und Vermeidung von Treibhausgasen, im Vordergrund stehen muss. Einige der beschriebenen Verfahren wie die Erzeugung von grünem Strom mithilfe der Windenergie und Photovoltaik zur Herstellung von Wasserstoff mittels der Wasser-Elektrolyse (als Brennstoff, als Treibstoff und als Grundstoff in der Chemieindustrie) sind sicher richtungsweisend. Andere Verfahren, hier sei die Stromerzeugung mithilfe der Fusionstechnik genannt, bedürfen noch jahrelanger Forschung, um zum Problemlöser zu werden. Der Blitz als alternative Energiequelle fällt aber trotz seines augenscheinlich hohen Energieinhaltes leider aus.

Übrigens: Die Holzpelletheizung hat in meine Dokumentation keinen Eingang gefunden, obwohl das Gebäudeenergiegesetz (GEG) diesen Brennstoff als Alternativen Energieträger favorisiert. Pellets bestehen letztlich aus in Form gepressten Holzresten (Spänen/Sägemehl u. Ä.) jener Bäume, die einen Großteil der anthropogen erzeugten CO_2-Emissionen aus der Atmosphäre zu ihrem Wachstum aufnehmen (1.4). Und genau dieses CO_2 wird wieder freigesetzt, wenn die Pellets verbrannt werden. Befürworter des Pelletbrennstoffes sehen diesen als nachhaltigen Energieträger an, werde doch bei der Verbrennung nur so viel CO_2 freigesetzt, wie zuvor aufgenommen wurde – es werde also kein neues CO_2 erzeugt. Die Aussage, die CO_2-Erzeugung bei der Holzverbrennung sei daher „neutral", sehen viele Wissenschaftler und Umweltorganisationen als fragwürdig an [230]. Es ist daher zu hinterfragen, ob eine neutrale Holzverbrennung mit den gesteckten Zielen nach Dekarbonisierung zu vereinbaren ist. Zum einen wird das von den Bäumen aufgenommene CO_2 langsam aufgenommen und langfristig gespeichert, aber bei der Verbrennung schlagartig abgegeben. Zudem hat Holz nur einen geringen Heizwert, d. h. es muss im Vergleich zu fossilen Brennstoffen mehr Holz verbrannt werden, um die gleiche Wärmemenge bereitzustellen, womit zugleich mehr CO_2 erzeugt wird. Letztlich kommt die Belastung der Atmosphäre mit Feinstaub hinzu.

Anhang

A.1 Zeichenerklärung

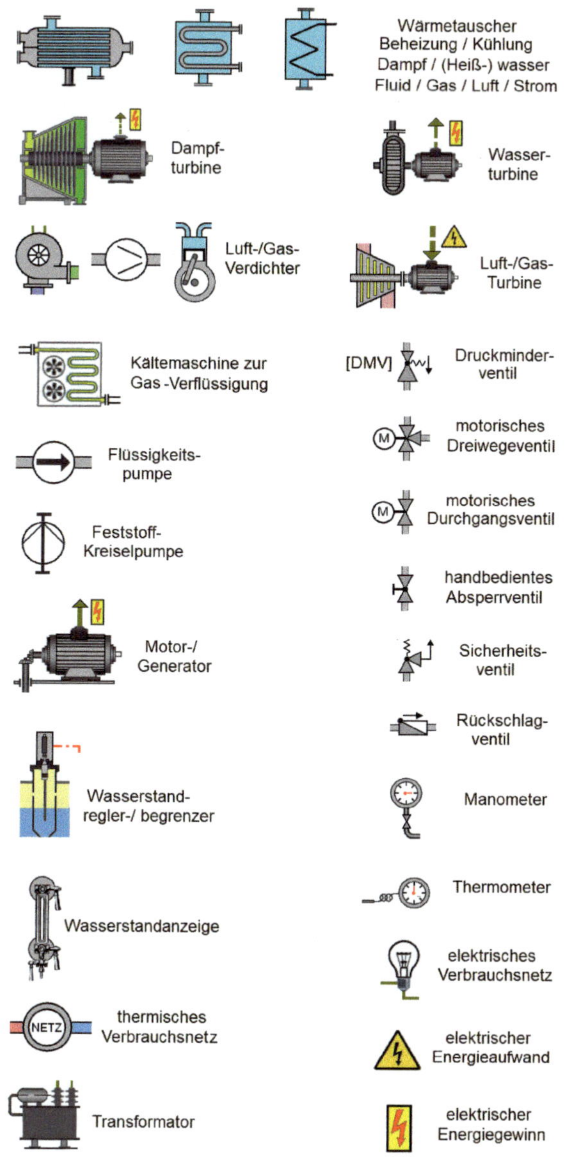

Bild A.1 Zeichenerklärung

A.2 Literatur- und Quellenverzeichnis zum Nachschlagen

ED = eigene Darstellung

[1] Tabelle in Anlehnung an: „Biogasentstehung“ – (24.6.2011), http://www.mifratis.de/biogasentstehung.php

[2] Abbildung [ED] in Anlehnung an: Magnus-Effekt – Physik-Schule, https://www.cosmos-indirekt.de/Physik-Schule/Magnus-Effekt

[3] „RP-Energie-Lexikon Dampfreformierung“, https://www.energie-lexikon.info/dampfreformierung.html

[4] Abbildung [ED] in Anlehnung an: „Der hydraulische Felsspeicher – ein Lagenenergiespeicher“, https://www.energie-klimaschutz.de/der-hydraulische-felsspeicher

[5] „Der bioliq®-Prozess“ https://www.bioliq.de/55.php, auch Abbildung [ED] in Anlehnung an https://www.bioliq.de/55.php. „Bioliq®: Komplette Prozesskette läuft“ Presseinformation https://www.kit.edu/kit/pi_2014_15980.php

[6] Leydener Flasche – Europa-Universität Flensburg (EUF), https://www.uni-flensburg.de/physik/histolab/thematische-sammlung/elektrizitaetslehre/leydener-flaschen

Abbildung [ED] in Anlehnung an: Seite „Leidener Flasche“. In: Wikipedia – Die freie Enzyklopädie. Bearbeitungsstand: 28. März 2023, 03:51 UTC. URL: https://de.wikipedia.org/w/index.php?title=Leidener_Flasche&oldid=232254142 (Abgerufen: 6. Juni 2023, 08:48 UTC) Datei: Leid-Flasch.gif (Darstellung von ca. 1800)

[7] Abbildung [ED] in Anlehnung an: „Das Fusionskraftwerk. Aufbau und Funktion“, Max-Planck-Institut für Plasmaphysik, https://www.ipp.mpg.de/12215/aufbau

[8] „Kernfusion – Funken in der Sternenmaschine“, Max-Planck-Gesellschaft, https://www.mpg.de/kernfusion-stellarator

[9] Leopoldina/acatech/Union der deutschen Akademien der Wissenschaften (Hrsg.): Welche Bedeutung hat die Kernenergie für die künftige Weltstromerzeugung?“ Kurz erklärt. Mai 2019. https://www.leopoldina.org/publikationen/

[10] Abbildung [ED] in Anlehnung an: Savonius patent drawing sheet.png, Urheber: Sigurd Savonius – 26. Juli 1925

[11] „Fusionsanlagen – DerTokamak“, Max-Planck-Institut für Plasmaphysik, https://www.ipp.mpg.de/9778/tokamak

[12] „Halbwertzeit Chemie.de“, https://www.chemie.de/lexikon/Halbwertzeit

[13] Pumpspeicherkraftwerke, https://sedl.at/Pumpspeicherkraftwerke (27.4.2019)

[14] „AA-CAES-Forschungsziele-BINE“, https://www.bine.info/publikationen/publikation/druckluftspeicherkraftwerke/aa-caes-forschungsziele

„RP-Energie-Lexikon – Druckluftspeicher-Kraftwerk“, https://www.energie-lexikon.info/druckluftspeicherkraftwerk.html

[15] Abbildung [ED] in Anlehnung an: Auszug aus „Hubspeicherkraftwerke – RauEE“, https://www.hubspeicher.de/hubspeicherkraftwerke.html

[16] Ruhr-Nachrichten Lünen vom 11.5.2013/REDOXx2. Nr. 109 vom 24.7.2014 (Quelle UNI Duisburg-Essen)

Abbildung [ED] in Anlehnung an: „Unterflur-Pumpspeicherwerk“, https://www.uni-due.de/wasserbau/upw2.php (1.1.2015)

[17] „Container als Wärmespeicher „to go" – Containerbasis.de", https://containerbasis.de/blog/upcycling/latherm-waermespeicher/ (1.5.2018)

[18] Abbildung [ED] in Anlehnung an: „Windenergieanlagen mit senkrechter Drehachse", https://www.wind-energie.de/themen/anlagentechnik/funktionsweise/vertikalachser/

[19] „Osmose-Kraftwerk", https://www.chemie.de/lexikon/Osmosekraftwerk.html

[20] Abbildung [ED] in Anlehnung an: Weinrebe, G.: Das Aufwind-Kraftwerk – Funktionsweise und aktueller Stand, AKE Tagung 2011 in Dresden, http://www.fze.uni-saarland.de

[21] SkySails Group

„SkySails Power GmbH: Pressemitteilungen", https//:www.iwrpressedienst.de/firmen/259-skysails-power-gmbh

Abbildung [ED] in Anlehnung an: SkySailsPower_Offshore_3 (Abbildung)

[22] KIT forscht an neuem Verfahren zur CO_2-Reduktion/Chemie https://www.chemietechnik.de/kit-forscht-an-neuem-verfahren-zur-co2-reduktion

„Climeworks – eine Technik zur Bekämpfung des Klimawandels", https://houseofswitzerland.org/de/swissstories/umwelt/climeworks-eine-technologie-zur-bekaempfung-des-klimawandels

[23] „Energie-Perspektiven – Ausgabe 04.2003", https://www2.ipp.mpg.de/ippcms/ep/ausgaben/ep200304/0403_seaflow_ep.html und hieraus:

Abbildung [ED] in Anlehnung an: „SeaFlow Meeresströmungskraftwerk" 0403_seaflow_10_z-max planck society
„Erste Meeresströmungsturbinen-Pilotanlage vor der englischen Küste"

Kasseler Symposium Energie-Systemtechnik 2004
http://www.fze.uni-saarland.de/AKE_Archiv/AKE2005H/AKE2005H_Vortraege/Materialien/AKE2005H_04ISET_KSES2004_SEAFLOW_Betriebserfahrung.pdf

[24] „Schwerin: Batteriepark vor Einweihung", https://www.svz.de/lokales/schwerin/artikel/batteriepark-vor-einweihung-40339793

[25] „Windenergieanlagen mit senkrechter Drehachse – Vertikalachser"
Bundesverband WindEnergie
https://www.wind-energie.de/themen/anlagentechnik/funktionsweise/vertikalachser/

[26] „Photovoltaik Leistung: MWp/Kilowattstunde & Wirkungsgrad", https://www.kesselheld.de/photovoltaik-leistung/

[27] „Supraleitung statt Hochspannungskabel – Wissenschaft aktuell", https://www.wissenschaft-aktuell.de/artikel/Supraleitung_statt_Hochspannungskabel__ndash__Laengenrekord_in_Essen1771015588222.html

Abbildung aus: RWE Deutschland, NEXANS und KIT starten Projekt „AmpaCity", https://www.voltimum.de/artikel/rwe-deutschland-nexans-und-kit-starten

[28] „Windenergie kommt zukünftig ohne rotierende Flügel aus", https://www.forschung-und-wissen.de/nachrichten/technik/windenergie-kommt-zukuenftig-ohne-rotierende-fluegel-aus-13375935

[29] Werte für das Diagramm [ED] entnommen: Datei: Pumpspeicherkraftwerk.png (2.11.2005) (Quelle: eigenes Diagramm, basierend auf „Veröffentlichungen des RWE") (30.7.2011), https://commons.wikipedia.org/wiki/ (CC BY-SA 3.0)

[30] Abbildung [ED] in Anlehnung an: RWE Innogy GmbH Essen mit folgenden Anlagen: SolarMillennium AG, Erlangen, „Die Parabolrinnen-Kraftwerke Andasol 1 bis 3", Parabolrinnensysteme – Michael Geyer/FVS Themen 2002

[31] Noot, Wolfgang: Vom Kofferkessel bis zum Großkraftwerk – Die Entwicklung im Kesselbau. Essen: Vulkan-Verlag, 2010

[32] „Redox-Flow-Batterie als Stromspeicher – energie-experten", https://www.energie-experten.org/erneuerbare-energien/photovoltaik/stromspeicher/redox-flow-batterie.html

[33] erweiterte Abbildung [ED] in Anlehnung an: „Treibhausgas-Emissionen in Deutschland/ Umweltbundesamt, https://www.umweltbundesamt.de/daten/klima/treibhaus-emissionen-in-deutschland (21.06.2021)

[34] „Der UNIKAT (Boot mit Flettner-Rotor)", https://www.uni-flensburg.de/physik/forschung/energie/der-unikat-boot-mit-flettner-rotor

ZDF-Berichterstattung vom 14.03.2020

[35] „SIEMENS Gamesa RENEWABLE ENERGY, Hamburg-Altenwerder – Elektrothermischer Energiespeicher (ETES)", SGRE_Fact Sheet_ETESDE

ZDF-Berichterstattung vom 11.6. und 12.6.2019

[36] Abbildung [ED] in Anlehnung an: Strommix Deutschland: Stromerzeugung nach Energieträgern, https://strom-report.de/strom (5.03.2021)

[37] [ED] „Umweltbundesamt: Treibhausgasemissionen gesunken", https://www.bundesregierung.de/breg-de/themen/nachhaltigkeitspolitik/emissionsdaten-2022-2171208

[38] Abbildung [ED] in Anlehnung an: Entwicklung der Beleuchtung und Lampen 1673–1800, https://www.streetlight-hamburg.de/zeittafel_2.htm

[39] „Wellengenerator", https://www.slimlife.eu/wellengenerator.html

[40] Abbildung [ED] in Anlehnung an: „Stülpmembranspeicher – dezentraler Strom- und Wärmespeicher", http://www.poppware.de/Stuelpmembranspeicher/

[41] Abbildung [ED] in Anlehnung an: „Ringwallspeicher – Bauweise-Stromspeicher für flache ...", http://www.ringwallspeicher.de/ und https://www.poppware.de/Ringwallspeicher/index.htm

[42] Abbildung [ED] in Anlehnung an: „EnArgus – Fallwindkraftwerk", https://www.enargus.de/pub/bscw.cgi/d3601-2/*/*/Fallwindkraftwerk.html

[43] Abbildung [ED] in Anlehnung an: File: ORC-Fließschema.jpg
Seite „Organic Rankine Cycle". In: Wikipedia – Die freie Enzyklopädie.
Bearbeitungsstand: 29. Juni 2023, 13:57 UTC.
URL: https://de.wikipedia.org/w/index.php?title=Organic_Rankine_Cycle&oldid=235037116
(Abgerufen: 20. Juli 2023, 12:23 UTC)
eigenes Werk/Urheber: Wd 7378 (gemeinfrei) 15.7.2009

[44] „Strom mit Elastomerfolien erzeugen – Fraunhofer ISC", https://www.isc.fraunhofer.de/de/presse-und-medien/pressearchiv/pressearchiv-2017/strom-mit-elastomerfolien-erzeugen.html

[45] Bagdad-Batterie: Ist die älteste Batterie 2 500 Jahre alt? https://energyload/eu/stromspeicher/bagdad-batterie-aelteste-elektrochemische-batterie

[46] „Altaeros Energies: Fliegendes Windkraftwerk", https://www.golem.de/1110/87324.html

[47] Abbildung [ED] in Anlehnung an: FVS Themen 2002, Robert Pitz-Paal – Solarthermische Kraftwerke, https://www.fvee.de/forschung/energiebereitstellung/solarthermische-kraftwerke/

[48] Abbildung [ED] in Anlehnung an: „Redox-Flow-Batterie: Funktionsweise, Typen und Forschung", https://www.dilico.de/de7redoxflow.php

„RWE testet Riesenbatterie – Strom aus dem Gasspeicher", https://www.fuchsbriefe.de/betrieb/innovationen/rwe-testet-riesenbatterie

[49] „Verfahren zur CO_2-Abscheidung und -Speicherung“, Forschungsbericht, Fraunhofer-Institut für Systemtechnik und Innovationsforschung, Karlsruhe. UBA – FB 000938 – k3075, August 2006

[50] „Die Solarzelle – Funktion, Wirkungsgrad & Lebensdauer“, https://www.wegatech.de/ratgeber/photovoltaik/grundlagen/solarzelle

[51] „Hot-Dry-Rock-Verfahren – Lexikon der Physik“, https://www.spektrum.de/lexikon/physik/hot-dry-rock-verfahren/6927

[52] „Bundesverband Geothermie: Island“, https://www.geothermie.de/bibliothek/lexikon-der-geothermie/i/island.html

[53] Abbildung [ED] in Anlehnung an: „Wellenkraft – Energiequelle der Zukunft“, https://www.bhkw-infozentrum.de/innovative-energien/wellenkraft-energiequelle-der-zukunft.html

[54] Gravitationswasserwirbelkraftanlagen. Aufbau und Funktion, https://www.zotloeterer.com/willkommen/gravitations-wasser-wirbelkraftanlagen/aufbau-und-funktion/

[55] Abbildung [ED] in Anlehnung an: „Die Kraft des Meeres (Archiv) – Deutschlandfunk“, https://www.deutschlandfunk.de/die-kraft-des-meeres-100.html

„Welt der Physik: Meeresenergie – vom Prototyp zum Kraftwerk“, https://www.weltderphysik.de/gebiet/technik/energie/wasserkraftwerke/meeresenergie/

[56] Abbildung [ED] in Anlehnung an: „Schwimmende Windräder – neue Anlagen fürs offene Meer“, https://www.deutschlandfunk.de/schwimmende-windraeder-neue-anlagen-fuers-offene-meer-100.html

ZDF-Berichterstattung vom 5.11. und 10.11.2020

[57] Abbildung [ED] in Anlehnung an: „Welche Zukunft hat die Wasserkraft?“, https://www.dw.com/de/klimawandel-welche-zukunft-hat-die-wasserkraft/a-58924746

[58] „Das Wellenkraftwerk: Energie aus der Kraft des Meeres“ https://www.energie-tipp.de/neue-energie/wasser/das-wellenkraftwerk-energie-aus-der-kraft-des-meeres/

[59] Abbildung [ED] in Anlehnung an „Buch der Synergie TeilC – PowerBuoy“, https://www.buch-der-synergie.de/c_neu_html/c_06_07_s_usa_2.htm

[60] Abbildung [ED] in Anlehnung an: „Wellenkraftwerk: Energie aus der Kraft des Meeres nutzen“, https://www.elektrotechnik.vogel.de/wellenkraftwerk-energie-aus-der-kraft-des-meeres-nutzen-a-961801/

[61] „Chancen und Risiken der Geothermie“, https://www.planet-wissen.de/technik/energie/erdwaerme/pwiechancenundrisikendergeothermie100.html

[62] „Meereswellen-Schwimmergenerator“, Abbildung des Technischen Büros Wulff, Zinnowitz

[63] „Widerstandsläufer als Windkraftanlage: Vorteile und Unterschiede zu Widerstandsläufern“, https://transitionsblog.de/content/widerstandslaeufer-von-den-anfaengen-der-windkraft-bis-zu-modernen-windkraftanlagen

[64] „Wasserstoffspeicherung – Chemie-Schule“, https://www.chemie-schule.de/KnowHow/Wasserstoffspeicherung

[65] Abbildung [ED] Pendulor in Anlehnung an: https://www.mdpi.com/1996-1073/9/4/282

[66] Abbildung [ED] – Oyster – in Anlehnung an: „Wellenkraftwerk: Die Kraft des flachen Wassers“, https://www.faz.net/aktuell/technik-motor/technik/wellenkraftwerk-die-kraft-des-flachen-wassers

[67] Abbildung [ED] – Waveroller – in Anlehnung an: WaveRoller, el invento que convierte las olas del mare – WordPress

[68] Abbildung [ED] in Anlehnung an „Datei: Osmosekraftwerk-Schaubild 2a.svg“, https://de.wikipedia.org/wiki/Datei:Osmosekraftwerk-Schaubild 2a.svg (gemeinfrei)

[69] Abbildung [ED] in Anlehnung an: „Kondensator: Aufbau, Funktion, Formel“, https://studyflix.de/elektrotechnik/kondensator-4444

[70] Abbildung [ED] in Anlehnung an: „Hand water pump with a pendulum – Veljko Milkovic – official presentation”, https://www.veljkomilkovic.com/rucnaPumpaEng.html

Zahlen aus: Khammas – Buch der Synergie Teil C – Muskelkraft https://www.buch-der synergie.de/c_neu_html/c_01_01_muskelkraft

[71] Abbildung [ED] in Anlehnung an: „Bautechniken im Mittelalter“, https://Frisange.ecole.lu

[72] China – Kernfusionsreaktor – Ruhr Nachrichten Lünen vom 7.12.2020

[73] Abbildung [ED] in Anlehnung an: „Schutz vor niederfrequenten magnetischen Wechselfeldern bei Hochspannungs-Freileitungen und Erdkabeln“, https://www.bund.net/service/publikationen/detail/publication/schutz-vor-niederfrequenten-magnetischen-wechselfeldern-bei-hochspannungs-freileitungen-und-erdkabeln/

[74] Abbildung [ED] in Anlehnung an: SWE-Strom aus Windenergie > SWE GmbH, https://www.swe-windenergie.de

[75] Abbildung [ED] in Anlehnung an: „Buoyant Airborn Turbine (BAT) Database for Advancements“, https://sciencedatacloud.wordpress.com/2014/10/02/buoyant-airborn-turbine-bat

[76] „Aufbau von Photovoltaik-Modulen – Solar-Baunetz Wissen“, https://www.baunetzwissen.de/solar/fachwissen/pv-module/aufbau-von-photovoltaik-modulen-165796

[77] „Brennstoffzelle – Chemie“, https://chemie.de/lexikon/brennstoffzelle.html

[78] Abbildung [ED] in Anlehnung an: https://energie-water-turbines-funktional-principle-wood-engraving, File: C8alamy.com/DBOCA3, Photographer: INTERFOTO/History – 1875

[79] Abbildung [ED] in Anlehnung an: „Grundlagen der Brennstoffzelle – Effiziente Energiesysteme“, https://www.inhouse-engineering.de/brennstoffzelle/grundlagen-der-brennstoffzelle/

[80] Abbildung [ED] Sonnenkollektor in Anlehnung an: „Die Parabolrinnen-Kraftwerke Andasol 1 bis 3“, Solar-Millennium → [30]

[81] Abbildung [ED] in Anlehnung an: Dish-Stirling System/Eine Technologie zur dezentralen solaren Stromerzeugung/Themen 2002, Dipl. Ing. Doerte Laing (siehe auch [47]) https://www.fvee.de/wp-content/uploads/2022/02/th2002_02_03.pdf

[82] Abbildung [ED] in Anlehnung an: „Die Kraft des Mondes – Innovationen bei Gezeitenkraftwerken“, https:/www.fiz-karlsruhe.de/nachrichten/die-kraft-des-mondes-innovationen-bei-gezeitenkraftwerken

[83] Abbildung [ED] in Anlehnung an: „Leistung der Wasserkraftanlagen nach Ländern weltweit 2020/Statista“, https://statista.com/statistik/daten/studie/467755/umfrage/leistung-von-wasserkraftanlagen (7.4.2021)

Abbildung [ED] in Anlehnung an: „Wasserkraft als Stromquelle und -speicher“, https://www.ingenieur.de/fachmedien/bwk/erneuerbare-energien/wasserkraft-als-stromquelle-und-speicher

[84] „Frankreich: neue Projekte zur Solarthermie und Photovoltaik“, https://www.solarserver.de/2006/06/26/frankreich-neue-projekte-zur-solarthermie-und-photovoltaik

[85] Abbildung [ED] in Anlehnung an: „(A) Wavestar prototyp at Hanstholm (Denmark) and (B) sketch of floater-details-with_fif1_262144893“, https://www.researchgate.net/figure/A-wavestar-prototyp-at-hanstholm and (B) – sketch-of-floater-details-with_fig1_262144893

[86] Abbildung [ED] in Anlehnung an: Geothermie: Energie-Mix der Zukunft – Wissen/Tagesspiegel

[87] Abbildung [ED] in Anlehnung an: „Lok 5 – Dampfspeicherlok Typ Rheinbrikett Krupp Nr. 3330“, https://www.Bahnbilder.de/bild/deutschland

[88] Abbildung [ED] in Anlehnung an: Heronsball-Wikipedia, https://de.wikipedia.org/wiki/Heronsball#/media/Datei:Aeolipile_illustration.png, Quelle: Knight's American Mechanical Dictionary – 1876/gemeinfrei

[89] „Lithium-Gewinnung aus Geothermie-Anlagen, https://www.elektrive.net/2020/06/15/lithium-gewinnung-aus-geothermie-anlagen-in-deutschland

[90] Abbildung [ED] in Anlehnung an: „Photovoltaik: Die Funktion“, https://www.tst-solarstrom.de/photovoltaik-funktion

[91] Abbildung [ED] in Anlehnung an: „Technik & Typen von Warmwasser-Solaranlagen“, https://www.energie-experten.org/erneuerbare-energien/solarenergie/solaranlage/warmwasser

[92] Abbildung [ED] in Anlehnung an: „Solarthermische Nutzung der Sonnenenergie“, https://www.seilnacht.com/Lexikon/sthermie.html

[93] Abbildung [ED] in Anlehnung an: Baunetz Wissen „Solarthermie“, https://www.baunetzwissen.de/gebaeudetechnik/fachwissen/erneuerbare-energien/solarthermie-2452537

[94] Abbildung [ED] in Anlehnung an: Datei: Mühlenriss heute.jpg – Urheber: Hatewe (gemeinfrei) aus: Lümbacher Windmühle Clarissa – WIKIPEDIA (CC-by-sa-3.0), https://de.wikipedia.org/wiki/Datei:Mühlenriss_heute.jpg

[95] „Wundermittel Wasserstoff“, ZDF-Sendung „planet e“ vom 25.4.2021

Formel 7.10/7.11 in Anlehnung an: „DRL-Institut für Solarforschung-Hydrosol-Plant“, https://www.dlr.de/sf/desktopdefault.aspx/tabid-11126/22731_read-51105

[96] „RP-Energie-Lexikon – Kohleverflüssigung“, https://www.energie-lexikon.info/kohleverfluessigung.html

[97] „Strom mit Elastomerfolien erzeugen“, https://www.fraunhofer.de/de/presse/presseinformationen72017/oktober/strom-mit-elastomerfolien-erzeugen.html

[98] „Pumpspeicherkraftwerk Herdecke“, https://www.rwe.com/der-konzern/laender-und-standorte/pumpspeicherkraftwerk-herdecke

„RWE nimmt Batteriespeicher in Herdecke in Betrieb“, https://www.herdecke.de/wirtschaft-stadtplanung/wirtschaft-foerderung/aktuelle-veranstaltung

[99] „Erdmantel – Chemie-Schule“, https://www.chemie-schule.de/KnowHow/Erdmantel

[100] Abbildung [ED] in Anlehnung an: „File-Air-Charge-Discharge.jpg“, https://commons.wikimedia.org7wiki7file-air-charge-discharge.jpg, Quelle:eigenes Werk – Urbeber Na9234 – CC-By-3.0/self-published work

[101] „Osmose – chemie“, https://www.chemie.de/lexikon/osmose.html

[102] Abbildungen [ED] in Anlehnung an:

„Wasserrad oberschlaechtig meyers.png“, https://commons.wikipedia.org/wiki/1885 – gemeinfrei/Autor: unbekannt und:

„Tobiashammer“, https://commons.wikimedia.org/wiki/File: Tobiashammer_hammer_front.jpg (gemeinfrei/Autor: Regani)

[103] Abbildung [ED] in Anlehnung an: „HPC Krummhörn Uniper Energie“, https://www.uniper.energy/de/hydrogen-pilot-cavern

[104] Abbildung [ED] in Anlehnung an: „Wie arbeitet der Stirling-Motor?“, www.stirling-fette.de/howdo.htm

[105] Abbildung [ED] in Anlehnung an: „Redox-Flow-Zelle – Medienportal der Siemens Stiftung“, https://medienportal.siemens-stiftung.org/de/die-redox-flow-zelle-104350

[106] Abbildung [ED] in Anlehnung an: „Alkali-Mangan-Zelle – Chemie-Schule“, https://www.chemie-schule.de/KnowHow/alkali-mangan-batterie

[107] Abbildung [ED] in Anlehnung an: „Zink-Kohle-Batterie“, https://www.u-helmich.de/che/Q1/inhaltsfeld-3-ec/61-batterie

[108] Abbildung [ED] in Anlehnung an: „Uhrforum“, https://uhrforum.de/threads/g-shock-3750-nichts-regt-sich-trotz-batteriewechsel.181389/page-2

[109] Abbildung [ED] in Anlehnung an: „Chemische Reaktionen in Lithium-Ionen-Zellen“, https://lionKnowLedge.com/2-funktionsweise-von-lithium-ionenbatterien/2-1-chemische-reaktion

[110] Abbildung [ED] in Anlehnung an: „Mobilität durch Wasserstoff – Erneuerbare Energien“, https://www.elektromobilitaet-forum.de/media/63-dampfreformierung-jpg

[111] „RP-Energie-Lexikon – Methanisierung, Wasserstoff, Methan“, https://www.energie-lexikon.info/methanisierung.html

[112] „Das Potential synthetischer Kraftstoffe – Bolidenforum“, https://www.bolidenforum.de/artikel/konventionelle-antriebe/128242-das-potential-synthetischer-kraftstoffe

[113] Abbildung [ED] in Anlehnung an: „Bundesverband Geothermie: Druckluftspeicher“, https://www.geothermie.de/bibliothek/lexikon-der-geothermie/d/druckluftspeicher.html

[114] Abbildung [ED] in Anlehnung „Bundesverband Geothermie: Organic-Rankine-Cycle (ORC)“, https://www.geothermie.de/bibliothek/lexikon-der-geothermie/o/organic-rankine-cycle-orc.html

„solarteiche – erneuerbare Energien“, https://www.energieprofi.com/solarthermie-journal/solarteiche

Abbildung [ED] in Anlehnung an: „Welcome to Deep River Technologies“, https://www.deeprivergrp.com/technologies.html

[115] Abbildung [ED] in Anlehnung an: „E-/eFuels einfach erklärt – eFUELS-TODAY“, http://efuels-today.com/efuels-einfach-erklaert

[116] Abbildung [ED] in Anlehnung an: „Brennstoffzellen als Energiewandler“, https://www.seilnacht.com/Lexikon/bzellen.html

[117] Abbildung [ED] in Anlehnung an: „Solarenergie: Fallwindkraftwerk soll rund um die Uhr Strom...“, https://www.spiegel.de/wissenschaft/technik/solarenergie-fallwindkraftwerk-soll-rund-um-die-uhr-strom-liefern-a-967885.html

[118] Abbildung [ED] in Anlehnung an: „File: Hydroelektric dam german.png“, https://de.wikipedia.org/wiki/Datei:Hydroelectric_dam_german.png, aus: „Laufwasserkraftwerk“, https://de.wikipedia.org/wiki/laufwasserkraftwerk

[119] Abbildung [ED] in Anlehnung an: „Bundesverband Geothermie: Einstieg in die Geothermie“, https://www.geothermie.de/geothermie/einstieg-in-die-geothermie.html

[120] Abbildung [ED] in Anlehnung an: „UPW-Unterflur-Pumpspeicherwerke“, https://www.uni-due.de/geotechnik/forschung/upw.shtml

[121] Abbildung [ED] in Anlehnung an: „File: Gravitationswasserwirbelkraftwerk_mit_Zotlöterer_Turbine_in_-Obergrafendorf-(AUSTRIA).jpg, https://de.wikipedia.org/wiki/Wasserwirbelkraftwerk#/media/Datei:Gravitationswasserwirbelkraftwerk_mit_Zotl%C3%B6terer_Turbine_in_Obergrafendorf_(AUSTRIA).jpg, Quelle: Eigenwerk/Urheber: Zotloeterer/CC-BY-SA 3.0

[122] Abbildung [ED] in Anlehnung an: Figure 1 from „Dielectric elastomer generators that stack“, https://www.semanticscholar.org/paper/Dielectric-elastomer-generators-that-stack-up-McKay-Rosset/

[123] „Energie: Erdwärme – Energie – Technik – PlanetWissen“, https://www.planet-wissen.de/technik/energie/erdwaerme

[124] Abbildungen [ED] in Anlehnung an: „Dreimantelkabel“, https://www.archiv.ub.uni-stuttgart.de/alumni/hoechstaedter_martin.html

„Hochspannungskabel“, https://de.wikipedia.org/wiki/hochspannungskabel (gemeinfrei) File: NEKBEA.jpg – Quelle: Own work – Autor unbekannt

[125] Abbildung [ED] in Anlehnung an: „Supraleiter – smarterworld.de“, https://www.smarterworld.de/bilder/supraleiter.3690.html

[126] „Wasserelektrolyse: Chemie-Schule“, https://www.chemie-schule.de/KnowHow/wasserelektrolyse

[127] Abbildung [ED] in Anlehnung an: „Schifffahrt: Schwergutfrachter mit Zugdrachenantrieb“, https://www.nwzonline.de/wirtschaft/bremen-bad-zwischenahn-schifffahrt-schwergutfrachter-mit-zugdrachen-antrieb-startet-in-bremen_a_3,1,303792343.html

[128] „Eisen-, Stahlherstellung in Chemie/Schülerlexikon“, https://www.lernhelfer.de/schuelerlexikon/chemie/artikel/eisen-stahlherstellung

[129] „Dialog: Reduktion von Eisenoxid mit Wasserstoff“, https://daten.didaktikchemie.uni-bayreuth.de/cnat/fa_paare/eisenreduktion.html

[130] Heß, D.; Klumpp, M.; Dittmeyer, R.: „Nutzung von CO_2 aus Luft als Rohstoff für synthetische Kraftstoffe und Chemikalien“, https://vm.baden-wuerttemberg.de/fileadmin/redaktion/m-mvi/intern/Dateien/PDF/29-01-2021-DAC-Studie.pdf

„CO_2 transformieren: Neue Anlage produziert Kohlenstoff aus der Umweltluft“, https://www.ingenieur.de/technik/fachbereiche/umwelt/von-umweltgift-zum-wertstoff-anlage-produziert-kohlenstoff-aus-umweltluft

[131] Paschotta, R.: Artikel „Methanisierung“ im RP-Energie-Lexikon, aufgerufen am 26.07.2023, https://www.energie-lexikon.info/methanisierung.html

[132] „Dimethylether – Chemie-Schule“, https://www.chemie-schule.de/KnowHow/Dimethylether

[133] „Treibhausgase: Tauender Permafrost wird zur Methangas-Schleuder“, https://www.welt.de/wissenschaft/umwelt/article137451 50/tauender-permafrost-wird-zur-methangas-schleuder

[134] Abbildung [ED] in Anlehnung an: „Fusionsreaktor/LEIFIphysik“, https://www.leifiphysik.de/kern-teilchenphysik/kernspaltung-und-kernfusion/ausblick/fusionsreaktor

[135] „Kohlenhydrate in Chemie/Schülerlexikon/Lernhelfer, https://www.lernhelfer.de/schuelerlexikon/chemie/artikel/kohlenhydrate#

[136] „Methanolherstellung – Chemie-Schule“, https://www.chemie-schule/KnowHow/methanolherstellung

[137] „Versauerung der Meere. Wie der Klimawandel den Ozeanen schadet“, https://utopia.de/versauerung-der-meere-co2-klimawandel-ozeane-179721/

[138] „Methan-Chemie“, https://www.chemie.de/lexikon/methan.html

[139] Abbildung [ED] in Anlehnung an: „Hydrosol_Plant: Wasserstoff aus Sonnenlicht“, https://www.dlr.de/de/aktuelles/nachrichten/2017/20171129_hydrosol-plantwasserstoff-aus-sonnenlicht_25217 – Bild 4/4/CC BY-NC-ND 3.0

[140] „Wassergas-Shift-Reaktion“, https://www.chemie.de/lexikon/wassergas-shift-reaktion.html

[141] „Deutscher Atomausstieg: Was folgt auf das Abschalten?“, https://www.tagesschau.de/inland/innenpolitik/atomausstieg-faq-103.html

[142] Abbildung [ED] in Anlehnung an: „Energien aus Meereswellen (1)“, https://www.lehrerfreund.de/technik/1s/energie-aus-Meereswellen-1/4517

„Wellenkraftwerk – Energiequelle der Zukunft“, https://www.bhkw-infozentrum.de/innovative-energien/wellenkraftwerk-energiequelle-der-zukunft

[143] Abbildung [ED] in Anlehnung an: „Die Batterie von Khujut Rabu oder auch Bagdad-Batterie“, https://archivmedes.blogspot.com/2000/03/die-batterie-von-khujut-rabu-oder-auch.html

[144] Abbildung [ED] in Anlehnung an: „Energien aus Meereswellen (3).tec.Lehrerfreund“, https://www.lehrerfreund.de/technik/1s/energie-aus-meereswellen-3/4519

[145] Sendung im ZDF – Terra Xpress vom 24.10.2021

„Kann das weiße Gold als Energiespeicher genutzt werden?“, https://group.vattenfall.com/de/newsroom/blog/2017/10/salz-als-energiespeicher

„SaltX – neuer Salzspeicher im Test“, https://group.vattenfall.com/de/newsroom/blog/2018/dezember/saltX-salzspeicher

[146] Abbildung [ED] in Anlehnung an: „Kohlekraftwerk wird zu großem Flüssigsalz-Wärmespeicher umgerüstet“ (intern: Tesis), https://www.en-former.com/kohlekraftwerk-als-waermespeicher

[147] Abbildung [ED] in Anlehnung an: „Energieträger (fossile & regenerative) im Vergleich“, https://www.co2online.de/modernisieren-und-bauen/heizung/brennstoffeenergietraeger-im-vergleich

[148] Abbildung [ED] in Anlehnung an: „Weltweit installierte Photovoltaik-Leistung“ (05/2021), https://www.volker-quaschning.de/datserv/pv-welt/index.php

[149] Abbildung [ED] in Anlehnung an: „Weltweit installierte Windkraft-Leistung“ (06/2021), https://www.volker-quaschning.de/datserv/windinst/index.php

[150] Abbildung [ED] in Anlehnung an: „Weltweit installierte regenerative Kraftwerksleistung“ (07/2021), https://www.volker-quaschning.de/datserv/ren-leistung/index.php

[151] Abbildung [ED] in Anlehnung an: „Das sind die größten Klimasünder“ (8.11.2021), https://www.dasinvestment.com/das-sind-die-groessten-klimasuender/

„Das sind die 10 größten Klimasünder“, https://www.ingenieur.de/technik/fachbereiche/umwelt/die-10-groessten-klimasuender-der-Welt

[152] „ABB und SaltX: Salzspeicher im MW-Bereich für die Industrie“, https://elektroniknet.de/power/energiespeicher-im-mw-bereich-fuer-die-industrie

[153] „CO_2-Emissionsfaktor für den Strommix in Deutschland bis 2020“, https://de.statista.com/statistik/daten/studie/38897/umfrage/CO2

„CO_2-Emissionsfaktor für den Strommix in Deutschland bis 2021“, https://de.statista.com/statistik/daten/studie/38897/umfrage/CO2-emissionsfaktor-fuer-den-strommix-in-deutschland-seit-1990

[154] Abbildung [ED] in Anlehnung an: „Faktencheck: Ist Atomstrom klimafreundlich?/ Wissen & Umwelt/DW/11.11.2021“, https://www.dw.com/de/faktencheck-ist-atomstrom-klimafreundlich-was-kostet-strom-aus-kernkraft

[155] „Ist Atomstrom wirklich CO_2-frei?/Umweltbundesamt“, https://www.umweltbundesamt.de/service/uba-fragen/ist-atomstrom-wirklich-CO2-frei

Abbildung [ED] in Anlehnung an: „Die CO_2-Bilanz der Kernkraft – Kreativrauschen“, https://www.kreativrauschen.de/blog/2007/04/23/die-bilanz-der-kernkraft

[156] Heizwerttabelle – Genol, https://www.genol.at/heizen/heizwerttabelle

[157] Abbildung [ED] in Anlehnung an: https://commons.wikipedia.org/wiki/File:leid-flasch.gif (gemeinfrei)

[158] „Was bewirkt CO_2 im Ozean?“, https://www.scinexx.de/news/geowissen/was-bewirkt-co2-im-ozean

[159] „Katalysator einfach erklärt: Funktion, Bedeutung“, https://studyflix.de/chemie/katalysator-2896

Abbildung [ED] in Anlehnung an: „Smarte Katalysatoren verwandeln CO_2 und H_2 in Methan“, https://www.energie-experten.ch/de/wissen/detail/smarte-katalysatoren-verwandeln-co2-und-wasserstoff-in-methan.html

[160] Abbildung [ED] in Anlehnung an:

„Die treibende Kraft“, https://www.fz-juelich.de/de/aktuelles/news/feature/die-treibendekraft

„Hochtemperatur(Feststoffoxid)Elektrolyse“, https://www.uni-augsburg.de/de/forschung/einrichtungen/institute/amu/wasserstoff-forschung-h2-unia/h2lab/h2-er/elektrolyse/th-el/

[161] „Elektrolyseure: Funktion + Anwendung/DiLiCo“, https://www.dilico.de/de/elektrolyseure.php

„Welche Vorteile bietet die Hochtemperatur-Elektrolyse?“, https://emcel.com/de/hochtemperatur-elektrolyse

[162] „Bewertung der Hochtemperatur-Elektrolyse zur Herstellung von grünem Wasserstoff für die Anwendung in der Grundstoffindustrie“, https://irees.de/2020/11/10/bewertung-der-hochtemperaturelektrolyse-zurherstellung-von-gruenem-wasserstoff-fuer-die-anwendung/

[163] „EU-Parlament stimmt Taxonomie für Gas- und Atomstrom zu“, https://www.sueddeutsche.de/politik/eu-taxonomie-atomstrom-gas-parlament-1.5615752

[164] „LNG: Alles zum Flüssigerdgas/EnBW“, https://www.enbw.com/blog/energiewende/erneuerbare-enrgie/lng/das-solltest-du-wissen/

[165] „Wasserstofferzeugung durch Elektrolyse und weitere Verfahren“, https://publica.fraunhofer.de/entities/publication/96ddf77d-2964-4931-99b1-74a03c88beb9/details

[166] Ammoniak – Chemie-Schule, https://www.chemie-schule.de/KnowHow/ammoniak

[167] Stöchiometrische Verbrennung, erklärt im RP-Lexikon, https://www.energie-lexikon.info/stoechiometrische_verbrennung.html

[168] Abbildung [ED] in Anlehnung an: „Kernspaltung in Physik/Schülerlexikon/Lernhelfer“, https://www.lernhelfer.de/schuelerlexikon/physik/artikel/kernspaltung

[169] „Reaktoren der 4. Generation“, https://www.watson.ch/wissen/forschung/974564720-reaktoren-der-4-generation-kernfusion-die-zukunft-der-atomenergie

[170] „Kernspaltungsenergie“, https://www.maths2mind.com/schluesselwoerter/kernspaltungsenergie

[171] Abbildung [ED] in Anlehnung an: „Fusion Basics – Kernfusion/Stand & Perspektive.pdf“, https://www.ipp.mpg.de/46293/fusion-d.pdf

[172] Abbildung [ED] in Anlehnung an: „Solarturmkraftwerk zur Energieerzeugung Solaridee“, https://www.energy-macht-schule.de/content/solarturmkraftwerk

Abbildung [ED] in Anlehnung an: „Dillinger Grobbleche im Einsatz für Südafrikas grünes Stromnetz“, https://press.lectura.de/de/article/dillinger-grobbleche-im-einsatz-fuer-suedafrikas-gruenes-stromnetz/19512

[173] „Smarte Katalysatoren verwandeln CO_2 und Wasserstoff...“, https://www.energie-experten.ch/de/wissen/detail/smarte-katalysatoren-verwandeln-co2-und-wasserstoff-in-methan.html

[174] Abbildung [ED] in Anlehnung an: „Energierevolution: Brasilien nimmt erstes Wellenkraftwerk Lateinamerikas in Betrieb“, https://latina-press.com/news/191138-energierevolution-brasilien-nimmt-erstes-wellenkraftwerk-lateinamerikas-in-betrieb

[175] „Elektrolyse von Wasser – einfach erklärt“, https://studyflix.de/chemie/elektrolyse-von-wasser-1643

[176] Abbildung [ED] in Anlehnung an: „Wasserkraftschnecke – Bayerische Landeskraftwerke“, https://www.landeskraftwerke.bayern/wasserkraftschnecke

[177] „Klima im 20. Jahrhundert – Klimawandel“, https://wiki.bildungsserver.de/klimawandel/index.php/Klima_im_20._Jahrhundert

[178] „Fracking: Das sollten Sie zur Erdgasförderung wissen“, https://www.geo.de/natur/oekologie/2906-rtkl-erdgasfoerderung-fracking-sollten-sie-wissen

Abbildung [ED] in Anlehnung an: „Wie gefährlich ist Fracking?“, https://www.solaranlage.eu/solar/solarenergie/fracking

[179] „Australische Forscher speichern Wasserstoff in Pulverform“, https://h2-news.eu/forschung/australische-forscher-speichern-wasserstoff-in-pulverform

[180] „Reaktoren der 4. Generation, Kernfusion – die Zukunft der Atomenergie“ https://www.watson.ch/wissen/forschung/974564720-reaktoren-der-4-generation-kernfusion

Abbildung [ED] in Anlehnung an: „Flüssigsalzreaktoren“, https://www.scinexx.de/dossierartikel/fluessigsalzreaktor (gemeinfrei)

[181] „ITER bekommt sein Magnetherz“, https://www.scinexx.de/news/technik/iter-bekommt-sein-magnetherz

[182] „Wie funktioniert ITER?“, https://www.scinexx.de/dossierartikel/wie-funktioniert-iter

[183] „Atomreaktoren der dritten und vierten Generation“, https://www.mdr.de/wissen/vierte-generation-atomkraft-reaktor-klimawandel-100.html

[184] Abbildung [ED] in Anlehnung an: „Primärenergie-Versorgung“, https://www.bpb.de/kurz-knapp/zahlen-und-fakten/globalisierung/52741/primaerenergie-versorgung/

[185] „Kernenergie weltweit 2022“, https://www.grs.de/de/aktuelles/kernenergie-weltweit-2022

[186] Abbildung [ED] in Anlehnung an: „Menge des produzierten Atomstromes nach Ländern weltweit im Jahr 2021“, https://de.statista.com/statistik/daten/studie/29588/umfrage/menge-des-produzierten-atomstroms-nach-laendern-weltweit/

[187] „Flüssigerdgas, erklärt im RP-Lexikon“, https://www.energie-lexikon.info/fluessigerdgas.html

[188] „Landwirtschaftliche Schäden durch Stromtrassen – was ist dran?“, https://br.de/nachrichten/bayern/landwirtschaftliche-schaeden-durch-stromtrassen

[189] „Superkritische Geothermal-Systeme“, https://themenspezial.eskp.de/vulkanismus-und-gesellschaft/inhalt/geothermie/superkritische-geothermal-systeme-937248/

„Geothermie und Erdbeben: Erschütternde Erkenntnisse: Wie der Mensch Erdbeben auslöst“, https://www.tagesspiegel.de/wissen/wie-der-mensch-erdbeben-auslost-4617928.html

[190] „Staufen – Geothermieprojekt – Bundesverband Geothermie“, https://www.geothermie.de/bibliothek/lexikon-der-geothermie/s/staufen-geothermieprojekt/

[191] „Klimawandel: Ist Mineralisierung der Königsweg?“, https://www.nzz.ch/wirtschaft-ist-mineralisierung-von-co2-der-koenigsweg-ld.1646514

[192] „MVV Flusswärmepumpe Mannheim“, https://www.mvv.de/ueber-uns/unternehmensgruppe/mvv-umwelt/aktuelle-projekte/mvv-flusswaermepumpe

„Rhein liefert Wärmeenergie über eine neue Großwärmepumpe“, https://www.energiewendebauen.de/news/de/rhein-liefert-waermeenergie

[193] „Was ist eigentlich Biogas?“, https://www.biogas.org/edcom/webfvb.nsf/was-ist-eigentlich-biogas

[194] „Biokraftstoff", https://www.bundesregierung.de/breg-de/aktuelles/biokraftstoff-614908

[195] „Was unterscheidet Wasserstoff und Atombombe?", https://www.dw.com/de/was-unterscheidet-wasserstoff-und-atombombe/a-40354193

hieraus Abbildung [ED] in Anlehnung an: Karlsruher Institut für Technologie

[196] „Umstrittene Energiegewinnung" – Keine Angst vor Fracking?, https://www.deutschlandfunkkultur.de/umstrittene-energiegewinnung-keine-angst-vor-fracking-100.html

[197] „LNG-Regasifizierungsanlage: LNG in Gas umwandeln", https://www.fluessiggas1.de/LNG-regasifizierungsanlage-LNG-in-gas-umwandeln

Abbildung [ED] in Anlehnung an: „LNG: Flüssiggas/Wissen.de", https://www.wissen.de/lng-fluessiggas, Dr. Karl-Heinz Hochhaus/CC BY 3.0

[198] „Erdüberlastungstag: Ressourcen für 2022 verbraucht", https://www.umweltbundesamt.de/themen/erdueberlastungstag-ressourcen-fuer-2022-verbraucht

[199] „Gezeitenenergie ohne Kostenflut – SKF Evolution" und Abbildung [ED] in Anlehnung an: https://evolution.sfk.com/de/gezeiten-energie-ohne-kostenflut

„Größtes schwimmendes Gezeitenkraftwerk der Welt im Bau", https://www.ingenieur.de/technik/fachbereiche/energie/groesstes-schwimmendes-gezeitenkraftwerk-im-bau

[200] „Dual-Fluid-Reaktor – mit Flüssigbrennstoff im Reaktor soll die Kernenergie sicher werden", https://www.deutschlandfunk.de/dual-fluid-reaktor-mit-fluessigbrennstoff-im-reaktor-soll-100.html

[201] „Grünes Ammoniak: Rohstoff, Energieträger und Kraftstoff", https://futurefuels.blog/in-der-theorie/gruenes-ammoniak.de

„Neue Entwicklungen bei metallhaltigen Katalysatoren", https://onlinelibrary.wiley.com/doi/abs/10.1002/puiz.19870180503

Abbildung [ED] in Anlehnung an: „Die Ammoniakherstellung nach dem Haber-Bosch-Verfahren", https://www.seilnacht.com/Lexikon/HaberBo.htm

[202] „Kernfusion aktueller Stand: US-Forscher gewinnen Energie bei Kernfusion", https://www.mdr.de/wissen/kernfusion-aktueller-stand-zwanzigzweiundzwanzig-kernfusion-durchbruch100.html

„US-Forscher: Dem Ziel näher, erstmals Energie aus einer Kernfusion zu gewinnen", https://www.deutschlandfunk.de/us-forscher-dem-ziel-naeher-erstmals-energie-aus-einer-100.html

„Laser erzeugt Kernfusion in Mini-Fusionsreaktor", https://www.forschung-und-wissen.de/nachrichten/physik/laser-erzeugt-kernfusion-in-mini-fusionsreaktor-13371936

[203] „Kernfusion, erklärt im RP-Energie-Lexikon", https://www.energie-lexikon.info/kernfusion.html

[204] „Neutronenstrahlung – Physik-Schule", https://www.cosmos-indirekt.de/physik-schule/neutronenstrahlung

„Zur besonderen Gefährlichkeit der Neutronenstrahlung", https://www.sfv.de/sob99337

[205] „Tritium/Max-Planck-Institut", https://www.ipp.mpg.de/84503/tritium

[206] „Lithium – Chemie.de", https://www.chemie.de/lexikon/lithium

[207] „Deuterium – Chemie.de", https://www.chemie.de/lexikon/deuterium

[208] „Base – Transmutation hochradioaktiver Abfälle", https://www.base.bund.de/DE/themen/kt/kta-deutschland/p_und_t/partitionierung-transmutation.html

[209] „Erdgas – chemie.de", https://www.chemie.de/lexikon/erdgas.html

[210] „Überkritisches Wasser – Chemie-Schule“, https://www.chemie-schule.de/KnowHow/ueberkritisches-wasser

[211] „Aktivierungsenergie – Chemie“, https://www.chemie.de/lexikon/aktivierungsenergie.html

[212] „Elektrolyt – Chemie.de“, https://www.chemie.de/lexikon/elektrolyt.html

[213] „Klima im 20. Jahrhundert – Klimawandel – Bildungsserver Wiki“, https://bildungsserver.de/klimawandel/index.php/klima-im-20-jahrhundert

[214] „Pariser Klimaabkommen: Warum das 1,5°-Ziel so wichtig ist“, https://www.br.de/nachrichten/wissen/pariser-klimaabkommen-warum-das-1-5-grad-ziel-so-wichtig-ist

[215] „Die Treibhausgase“, https://www.umweltbundesamt.de/themen/klima-energie/klimaschutz-energiepolitik-in-deutschland

[216] „Informationen zu Ozon“, https://www.stmuv.bayern.de/themen/luftreinhaltung/verunreinigungen/ozon/index.htm

[217] „Aufbau und Funktion der Silizium-Solarzelle“, https://www.energie-experten.org/erneuerbare-energien/solarenergien/solarzelle/silizium-solarzelle

[218] „Wasserstoff aus Norwegen“, https://www.br.de/nachrichten/deutschland-welt/wasserstoff-aus-norwegen-robert-habeck-besiegelt-partnerschaft,TS3diIV

„CO_2-Verpressen im Meeresboden“, https://ndr.de/nachrichten/schleswig-holstein/co2-verpressen-im-meeresboden-klug-oder-gefaehrlich,ccs122.html

„CO_2-Verpressung: Probleme aus der Tiefe“, https://www.boell.de/2015/06/02/co2-verpressung-probleme-aus-der-tiefe

[219] Abbildung [ED] in Anlehnung an: „File:E-Ship 1 (20037221244).jpg, https://commons.wikimedia.org/wiki/File:E-ship_1_(20037221244).jpg, Urheber: Alan Jamieson

[220] „28 Milliarden Tonnen zu viel – Klimareporter“, https://klimareporter.de/international/28-milliarden-zu-viel

[221] „Divertor – Chemie-Schule“, https://www.chemie-schule.de/KnowHow/Divertor

[222] „Das Problem des Tritiums“, https://scinexx.de/dossierartikel/das-problem-des-tritiums

[223] Abbildung [ED] in Anlehnung an: „Herstellung von Pflanzenkohle mittels PYREG-Technologie“, https://www.ithaka-journal.net/herstellung-von-pflanzenkohle-mittels-pyreg-technologie

[224] Abbildung [ED] in Anlehnung an: „Wie entstehen Blitz und Donner“, https://wetteralarm.ch/blog/entstehung-blitz-donner-wetterleuchten.html

„Wie viel Volt hat ein Blitz“, https://www.eon.de/de/eonerleben/gewitter-und-blitze-als-energiequelle.html

„Welt der Physik: Wie entstehen Gewitterblitze“, https://www.weltderphysik.de/thema/hinter-den-dingen/gewitterblitze

[225] Ruhrnachrichten Do-Lünen vom 9.3.2023

„Dänemark startet Betrieb von CO_2-Speicher in der Nordsee“, https://www.mdr.de/nachrichten/welt/wirtschaft/ccs-speicherung-nordsee-daenemark-100.html

„CCS/Greenpeace“, https://www.greenpeace.de/klimaschutz/energiewende/kohleausstieg/ccs

„Carbon Capture and Storage – Umweltbundesamt“ [intern: Rechtsvorschriften], https://www.umweltbundesamt.de/themen/wasser/gewaesser/grundwasser/nutzung-belastungen/carbon-capture-storage#rechtsvorschriften-fuer-ccs

[226] „Power to Liquid, erklärt im RP Energie-Lexikon“, https://www.energie-lexikon.info/power_to_liquid.html

[227] „Vulcan-Energie Recources“, https://v-er.eu/de/

„Aus Thermalwasser: Vulcan-Energie will Lithium fördern“, https://www.cleanthinking.de/vulcan-energie-thermalwasser-stellantis

[228] Abbildung (ED) in Anlehnung an „Fracking – Die Gier nach dem letzten Öl und Gas“, https://umweltinstitut.org/Energie-und-klima/fracking/

„Gas- und Ölförderung sinkt – Neubewertung von Fracking gefordert“, Ruhrnachrichten Do-Lünen vom 19.4.2023

[229] „Aktueller Bestand radioaktiver Abfälle in Deutschland“, https://bge.de/de/abfaelle/aktueller-bestand

„Endlagersuche – Hochradioaktive Abfälle“, https://www.endlagersuche-infoplattform.de/webs/Endlagersuche/DE/Radioaktiver-Abfall/Abfallarten/Hochradioaktive-Abfaelle/hochradioaktive-abfaelle_node.html

„Endlager Schacht Konrad“, https://www.bge.de/de/konrad

[230] NDR: „Pelletheizung: Schlecht für Wald und Klima, https://www.ndr.de/ratgeber/Pelletheizung-Schlecht-fuer-Wald-und-Klima,pelletheizungen100.html

BR: „Schlechte Klima-Bilanz für Holzpellets“, https://www.br.de/nachrichten/wissen/schlechte-klima-bilanz-fuer-holzpellets,Rh2umI1

„Umweltamt: Holzheizungen nicht besser als Straßenverkehr“, https://www.zdf.de/nachrichten/politik/feinstaub-holzheizung-uba-foerderung-100.html

[231] „Behauptung: Deutschland verursacht nur zwei Prozent des weltweiten CO_2-Ausstoßes“, https://www.klimafakten.de/behauptungen/behauptung-deutschland-verursacht-nur-rund-zwei-prozent-des-weltweiten-co2-ausstosses

[232] „Treibhausgase: G20 verursachen 81 % der globalen CO_2-Emissionen“, https://www.destatis.de/DE/Themen/Laender-Regionen/Internationales/Thema/umwelt-energie/umwelt/G20_CO2.html

[233] „Kernfusion: Baumängel werden First Plasma am ITER deutlich verzögern“, https://golem.de/news/kernfusion-baumaengel-werden-first-plasma-am-iter-deutlich-verzoegern-2301-171060.html

[234] „ITER“, https://de.wikipedia.org/wiki/ITER

[235] „Erdwärme – die Energiequelle aus der Tiefe“, https://www.lfu.bayern.de/buerger/doc/uw_20_erdwaerme.pdf

[236] „Faszination Wasser – Unbekanntes Grönland“, https://www.zdf.de/dokumentation/terra-x/faszination-wasser-unbekanntes-groenland-mit-uli-kunz-doku-100.html

[237] „Ikait“, https://de.wikipedia.org/wiki/ikait

[238] „Klima: Wichtiges Mineral im Meereis entdeckt“, https://www.scinexx.de/news/technik/klima-wichtiges-mineral-im-meereis-entdeckt/

[239] „Bedeutung von Meereis für biogeochemische Kreisläufe“, https://www.meereisportal.de/wissen/meereisbiologie/biogeochemie

[240] Cuxhavener Nachrichten:„Eiskälte als Forscher-Freude“, https://www.cnv-medien.de/news/eiskaelte-als-forscher-freude.html

[241] „Klimaneutral heizen mit Wasserstoff – Lösungen von Viessmann“, https://www.viessmann.de/de/wissen/technik-und-systeme/heizen-mit-wasserstoff.html

[242] Genath, B.: Erdgasnetz in Deutschland: Wasserstoffbeimischungen bis zu zehn Volumen-Prozent sind möglich, https://www.heizungsjournal.de/erdgasnetz-in-deutschland-wasserstoffbeimischungen-bis-zu-zehn-volumen-prozent-sind-moeglich_14?p=1

[243] EnBW, Eco Journal: „Wasserstoff im Erdgasnetz – geht das?“
https://www.enbw.com/unternehmen/eco-journal/wasserstoff-im-erdgasnetz.html,
https://www.asue.de/energie-im-haus/broschueren/311914_asue-wasserstoffflyer_wasserstoff-in-meiner-heizung

[244] „Brand auf Autofrachter vor niederländischer Küste“,
https://www.tagesschau.de/ausland/europa/frachtschiff-brand-100.html

[245] Konitzer, F.:Welt der Physik: Was lässt Akkus in Flammen aufgehen?
https://www.weltderphysik.de/thema/hinter-den-dingen/was-laesst-akkus-in-flammen-aufgehen/

Letztes Abrufdatum aller externen Links: 30.08.2023 (soweit nicht anders angegeben). Verlag und Autor haben alle externen Links sorgfältig geprüft. Eine Haftung von Verlag und Autor für Inhalte auf diesen externen Webseiten wird ausgeschlossen.

Abbildungen mit [*] wurden bearbeitet (z. B. wg. Farbangleichungen oder Freistellen des Bildhintergrundes), ohne ihren Sinn zu verfälschen.

A.3 Danksagung

Mein besonderer Dank für die freundliche Unterstützung gilt:

- SolarMillenium AG, Erlangen und RWE Innogy GmbH, Essen – Vorlage Bild 2.1 bis Bild 2.3 und Beschreibung
- SkySails Group – Vorlage für Bild 6.5
- Karlsruher Institut für Technologie (KIT)/Prof. Dr. Nicolaus Dahmen – Vorlage Bild 7.9 nebst zugehöriger Beschreibung
- Technisches Büro Wulff, Zinnowitz – Vorlage Bild 12.20
- Hochschule für Technik und Wirtschaft HTW Berlin, Professor Dr. Volker Quaschning – Vorlage Bild 12.24, Bild 12.25 und Bild 12.26
- Professor Dr. Ing. Matthias Popp – Vorlage Bild 15.4 und Bild 15.5
- Max-Planck-Institut für Plasmaphysik – Vorlage Bild 20.6
- SIEMENS Gamesa RENEWABLE ENERGY – Vorlage Bild 23.1
- Nexans Deutschland Industries GmbH & Co KG, Vacha – Vorlage Bild 26.2

Stichwortverzeichnis

VDE
VERLAG
Technik. Wissen. Weiterwissen.
JOSEPH SCHNITZLER
RECHTSSICHERHEIT BEI PLANUNG UND INSTALLATION VON PV-ANLAGEN
Stand: Bauvertragsrecht 2018
Auf Technikwissen bauen:
Rechtssicherheit bei Planung und Installation von PV-Anlagen!
Mit diesem Buch erhält der Praktiker ein nützliches Arbeitsmittel, das ihn dabei unterstützt, juristische Gefahren zu erkennen und zu meistern. Das Bauvertragsrecht von 2018 ist berücksichtigt.
2018
127 Seiten
29,– € (Buch/E-Book)
40,60 € (Kombi)
www.
Preisänderungen und Irrtümer vorbehalten. Das Kombiangebot bestehend aus Buch und E-Book ist ausschließlich auf www.vde-verlag.de erhältlich. Dieses Buch können Sie auch in Ihrem Onlineportal für DIN-VDE-Normen, der NormenBibliothek, erwerben.
Bestellen Sie jetzt: (030) 34 80 01-222 oder www.vde-verlag.de/buecher/524352
Werb-Nr. 200960

VDE
VERLAG
Technik. Wissen. Weiterwissen.
SONNENSTROM AUS DER GEBÄUDEHÜLLE
Auf Technikwissen bauen:
Wer modern baut, baut mit der Sonne
Bauwerkintegrierte Photovoltaik, abgekürzt BIPV, hat sich mittlerweile zu einem interessanten Geschäftsfeld entwickelt. Das Buch richtet sich an B2B-Zielgruppen, die Dächer und Fassaden für Solarstrom nutzen wollen – im Neubau und in der Bestandssanierung. Die Möglichkeiten, Solarpaneele in Fassade oder Dach zu integrieren, werden technisch und ästhetisch immer ausgefeilter und wirtschaftlicher.
2021
189 Seiten
56,– € (Buch/E-Book)
78,40 € (Kombi)
www.
Preisänderungen und Irrtümer vorbehalten. Sowohl das E-Book als auch das Kombiangebot (Buch + E-Book) sind ausschließlich auf www.vde-verlag.de erhältlich. Dieses Buch können Sie auch in Ihrem Onlineportal für DIN-VDE-Normen, der NormenBibliothek, erwerben.
Bestellen Sie jetzt: (030) 34 80 01-222 oder www.vde-verlag.de/buecher/525309
Werb-Nr. 2306001